全国职业教育"十三五"规划教材

钳工实训指导书

（含实训操作工单）

主　编　刘俊刚　江　舸

副主编　刘　杰

主　审　上官兵

北京交通大学出版社

·北京·

内 容 简 介

本书以劳动和社会保障部颁发的《钳工职业技能鉴定规范》为主要内容，采用国家最新技术标准，突出理论与实践的结合，强调钳工基本操作技能的训练和学生独立操作能力的培养，力求反映钳工专业发展的现状和趋势。

本书共设计 13 个实训项目，主要内容包括认识钳工、钳工测量、平面划线、锯削技巧、錾削技巧、加工孔、加工螺纹、锉削技巧、刮削技巧、研磨加工、锉配技巧、立体划线、钳工技能考级训练。各项目按任务简析、相关实习图纸、准备工作、相关工艺和原理进行编写，还对一些典型课题、零件加工工艺和测量方法做了详细的分析和介绍，有利于提高学生的综合技能水平及其分析、处理问题的能力。另外，本书附有实训操作工单和评价考核工单。

本书适合用作职业院校钳工实训教材，也可用作相关企业的员工培训教材。

图书在版编目（CIP）数据

钳工实训指导书：含实训操作工单／刘俊刚，江舸主编. —北京：北京交通大学出版社，2017.2（2021.3 重印）

ISBN 978－7－5121－3158－3

Ⅰ. ① 钳… Ⅱ. ① 刘… ② 江… Ⅲ. ① 钳工-教材 Ⅳ. ① TG9

中国版本图书馆 CIP 数据核字（2017）第 022304 号

钳工实训指导书
QIANGONG SHIXUN ZHIDAOSHU

策划编辑：李运文
责任编辑：陈跃琴　李运文
出版发行：北京交通大学出版社　　　　电话：010-51686414　　http：//www.bjtup.com.cn
地　　址：北京市海淀区高梁桥斜街 44 号　邮编：100044
印　刷　者：北京鑫海金澳胶印有限公司
经　　销：全国新华书店
开　　本：185 mm×260 mm　印张：8.25　字数：275 千字　插页：2.75 印张
版 印 次：2017 年 2 月第 1 版　　2021 年 3 月第 3 次印刷
印　　数：5 001～7 500 册　定价：32.00 元

本书如有质量问题，请向北京交通大学出版社质监组反映。对您的意见和批评，我们表示欢迎和感谢。
投诉电话：010-51686043，51686008；传真：010-62225406；E-mail：press@bjtu.edu.cn。

前　言

　　本书主要根据劳动和社会保障部《职业技能鉴定规范》《金工实习指导书》《金工实习》编写，采用最新技术标准，突出理论与实践的结合，完整反映了当代钳工专业的发展现状和未来钳工发展的趋势，尽可能地纳入新技术、新方法、新材料，使本书更加科学和规范。

　　钳工是大多用手工工具且经常在台虎钳进行手工操作的一种工种。钳工作业主要包括錾削、锉削、锯切、划线、钻削、铰削、攻丝和套丝、刮削和研磨等。钳工是机械制造中最古老的金属加工技术。19 世纪以后，各种机床的发展和普及，虽然逐步使大部分钳工作业实现了机械化和自动化，但在机械制造过程中钳工仍是广泛应用的基本技术，其原因是：

　　① 划线、刮削、研磨和机械装配等钳工作业，至今尚无适当的机械化设备可以全部代替；

　　② 某些最精密的样板、模具、量具和配合表面（如导轨面和轴瓦等），仍需要依靠工人的手艺做精密加工；

　　③ 在单件小批生产、修配工作或缺乏设备条件的情况下，采用钳工制造某些零件仍是一种经济实用的方法。

　　随着科学技术的不断发展，机械自动化加工的水平越来越高，钳工的工作范围也越来越广，需要掌握的技术知识及技能也越来越多。

　　随着国家新的技术标准的出现，在现代机械制造业中对钳工提出了更高要求，于是产生了分工，以适应不同专业的需求。按工作内容及性质不同，钳工可大致分为普通钳工、机修钳工、工具钳工等，同时更多的钳工内容被细化加强，很多细节工作成了一个全新的行业。比如说研磨，许多工作围绕研磨展开，更有利用这个技能开办小公司，成为当下创新创业新形势下的热点话题。另外，钻孔、攻丝等也具备这种特性。让学生具备这些基本技能，不仅是每一个学生安身立命的基本技能，更是一个国家发展的前提条件。

　　但是，不论钳工的工作内容如何细分，其本质之间还是有着必然的联系，这是一种相互依赖的关系。所以，我们在学生培养过程中必须全部囊括：必须掌握钳工常用工具的用法，掌握钳工测量技术，掌握平面划线、立体划线方法，掌握锯削技巧、錾削技巧、锉削技巧、锉配技巧，具备孔加工、螺纹加工、研磨加工技能，并通过钳工技能考级训练。

　　本书的基本出发点是立足于钳工相关知识，着重培养操作者的动手能力，最终能帮助学习者掌握基本的操作技能，为以后的学习、工作打下坚实的基础。本书有 400 多张图片，这些图片可以很好地帮助学习者迅速掌握相关知识；本书每个项目都有练习和考试，这些训练可以帮助学习者更快地达到学习目的。在掌握这些钳工基本知识的过程中，有的需要学生自已独立思考，这可以培养学习者发现问题、分析问题、解决问题的能力；有的工作难度较大，可以培养学习者的耐心，磨炼其意志。总而言之，这是一本非常适合教学的专业教材。

本书由刘俊刚、刘杰、郑培果、江舸等负责编写，包强、蒋述军、刘备、杨珺、吴少锋、张和贵也参加了编写工作，刘俊刚、江舸担任主编，刘杰担任副主编，上官兵担任主审。另外，本书在编写过程中借鉴了国内外同行的最新资料和文献，并得到了湖北交通职业技术学院各级领导的大力支持和帮助，在此一并表示感谢！

由于编者的水平有限，资源有限，书中的错误之处在所难免，敬请读者批评指正。

编者

2017.1

目　　录

项目 1　认 识 钳 工

1. 任务简析

切削加工、机械装配和修理作业中的手工作业，因常在钳工台上用台虎钳夹持工件操作而被称为钳工。钳工具有灵活性大、技术性强、工作范围广、手工操作多等特点，并且加工质量的好坏直接由操作者技术水平的高低决定。本项目的学习任务主要是了解台虎钳的基本结构，掌握钳工工作场地的特点，熟悉钳工常用工具和工作内容。

2. 相关实习图纸

台虎钳结构图如图 1-1 所示。

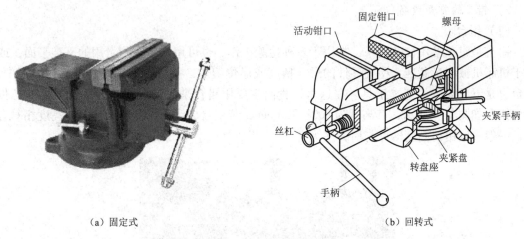

（a）固定式　　　　　　　　　　　　（b）回转式

图 1-1　台虎钳结构图

3. 准备工作

1）材料准备

机油、回丝、毛刷等。

2）工具准备

螺丝刀、活络扳手等。

3）实训准备

领用并清点工具，了解工具的使用方法及要求。实训结束后，按照工具清单清点，完毕后交由指导教师验收。复习有关理论知识，详细阅读实训指导说明书。

4. 相关工艺和原理

1）钳工的工作内容

钳工是大多用手工工具且经常在台虎钳上进行手工操作的一种工种。钳工作业主要包括錾削、锉削、锯削、划线、钻削、铰削、攻丝和套丝、刮削、研磨、矫正、弯曲和铆接等。随着科学技术的不断发展，机械自动化加工的水平越来越高，钳工的工作范围也越来越广，需要掌握的技术知识及技能也越来越多，于是产生了分工，以适应不同专业的需求，按工作内容及性质划分，钳工可大致分为普通钳工、机修钳工、工具钳工三类。

① 普通钳工：普通钳工是指使用钳工工具、钻床，按技术要求对工件进行加工、修整、装配的工种。

② 机修钳工：机修钳工是指使用钳工工具、量具及辅助设备，对各类设备进行安装、调试和维修的工种。

③ 工具钳工：工具钳工是指使用钳工工具及辅助设备对工具、量具、辅具、验具、模具进行制造、装配、检验和修理的工种。

钳工主要是以锉刀、钻、铰刀、老虎钳台、虎钳为主要工具进行装配和维修的技术工人。一般钳工还分为两大类：

① 机械维修钳工；

② 装配钳工（高级钳工、模具钳工、工具钳工、维修钳工、机修钳工、电器钳工、划线钳工、钣金钳工和安装钳工等）。

2）钳工的常用设备

（1）钳台

钳台是钳工常用设备之一，常用于各种检验工作，也可用作精密测量用的基准平面，或用于机床机械测量基准，检查零件的尺寸精度或形位偏差，并做精密划线。在机械制造中，钳台也是不可缺少的基本工具。在这里，我们主要用钳台来安装台虎钳、放置工具和工件等。钳台如图 1-2 所示，其高度为 800～900 mm，装上台虎钳后操作者工作时的高度相对合适，一般多以钳口高度恰好与肘齐平为宜。

图 1-2　钳台

（2）台虎钳

台虎钳是用来夹持工件的通用夹具，常用的有固定式［见图 1-1（a）］和回转式两种［见图 1-1（b）］。

固定式台虎钳由钳体、底座、导螺母、丝杠、钳口体等组成。活动钳身通过导轨与固定钳身的导轨做滑动配合。丝杠装在活动钳身上，可以旋转，但不能轴向移动，并与安装在固定钳身内的丝杠螺母配合。当摇动手柄使丝杠旋转，就可以带动活动钳身相对于固定钳身做轴向移动，起夹紧或放松的作用。弹簧借助挡圈和开口销固定在丝杠上，其作用是当放松丝杠时，可使活动钳身及时地退出。在固定钳身和活动钳身上各装有钢制钳口，并用螺钉固定。钳口的工作面上制有交叉的网纹，使工件夹紧后不易产生滑动。钳口经过热处理淬硬，具有较好的耐磨性。固定钳身装在转座上，并能绕转座轴心线转动，当转到要求的方向时，扳动夹紧手柄使夹紧螺钉旋紧，便可在夹紧盘的作用下把固定钳身固紧。转盘座上有三个螺栓孔，用以与钳台固定。

台虎钳中有两种作用的螺纹：

① 螺钉将钳口固定在钳身上、夹紧螺钉旋紧将固定钳身紧固——连接作用；

② 旋转丝杠，带动活动钳身相对固定钳身移动，将丝杠的转动转变为活动钳身的直线运动，把丝杠的运动传到活动钳身上——传动作用，起传动作用的螺纹是传动螺纹。

圆柱外表面的螺纹是外螺纹，圆孔内表面的螺纹是内螺纹，内、外螺纹往往成对出现。

台虎钳的规格以钳口的宽度表示，有 100 mm、125 mm、150 mm 等。台虎钳在钳台上安装时，必须使固定钳身的工作面处于钳台边缘以外，以保证夹持长条形工件时，工件的下端不受钳台边缘的阻碍。回转底座的中间孔应该朝里边，这样钳工桌更受力，不至于压坏钳工工作台。

（3）砂轮机

砂轮机是用来刃磨各种刀具、工具的常用设备，用于刃磨錾子、钻头和刮刀等，也可用来磨去工件或材料上的毛刺、锐边、氧化皮等。

砂轮机主要由砂轮、电动机和机座组成，但现在先进的砂轮机则加入了火花挡块、防护罩、工作座等部件，如图 1-3 所示。砂轮的质地硬而脆，工作时转速较高，因此使用砂轮时应遵守安全操作规程，防止发生砂轮碎裂以及造成人身事故。

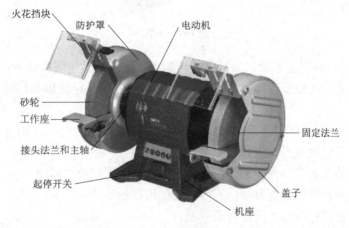

图 1-3　砂轮机

砂轮机使用时应注意以下几点：

① 砂轮旋转方向必须与指示牌相符，使磨屑向下方飞离砂轮；

② 启动后应等砂轮转速达到正常时再进行磨削；

③ 砂轮机在使用时，不准将磨削件与砂轮猛烈撞击或施加过大的压力，以免砂轮碎裂；

④ 使用时若发现砂轮表面跳动严重，应及时用修整器进行修整；

⑤ 砂轮机的搁架与砂轮之间的距离一般应保持在 3 mm 以内，否则容易造成磨削件被砂轮轧入的事故；

⑥ 使用时，操作者尽量不要站立在砂轮的直径方向，而应站立在砂轮的侧面或斜侧位置。

（4）钻床

钻床指主要用钻头在工件上加工孔的机床，有台式钻床、立式钻床和摇臂钻床等。通常钻头旋转为主运动，钻头轴向移动为进给运动。钻床结构简单，加工精度相对较低，可钻通孔、盲孔，更换特殊刀具后可扩孔、锪孔、铰孔或进行攻丝等加工。加工过程中工件不动，刀具移动，将刀具中心对正孔中心，并使刀具转动（主运动）。钻床如图1-4所示。

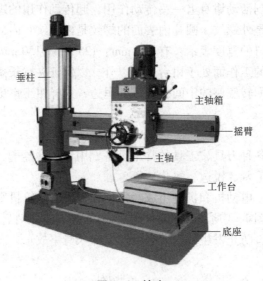

图1-4　钻床

钻床的特点是工件固定不动，刀具做旋转运动。钻床的操作规程如下：

① 工作前必须全面检查各部操作机构是否正常，将摇臂导轨用细棉纱擦拭干净并按润滑油牌号注油；

② 摇臂和主轴箱各部锁紧后，方能进行操作；

③ 摇臂回转范围内不得有障碍物；

④ 开钻前，钻床的工作台、工件、夹具、刃具，必须找正、紧固；

⑤ 正确选用主轴转速、进刀量，不得超载使用；

⑥ 超出工作台进行钻孔，工件必须平稳；

⑦ 机床在运转及自动进刀时，不许变紧固换速度，若需变速，只能待主轴完全停止后才能进行；

⑧ 装卸刃具及测量工件，必须在停机中进行，不许直接用手拿工件钻削，不得戴手套操作；

⑨ 工作中发现有不正常的响声，必须立即停车检查，排除故障。

3）钳工的常用工具、刃具和量具

（1）常用的工具和刃具

常用的工具和刃具包括：划线用的划规、划针、样冲、划线盘和划线平板等；錾削用的锤子和各种錾子；锉削用的各种锉刀；锯削用的手锯和锯条；孔加工用的麻花钻，各种锪钻和铰刀；螺纹加工的丝锥、板牙和铰杠；刮削用的各种平面刮刀和曲面刮刀；各种扳手和旋具等。

（2）常用量具

常用量具有游标卡尺、千分尺、百分表、钢尺、刀口角尺、角度尺、塞尺等。

4）安全文明生产的基本要求

（1）主要设备的布局要合理适当，钳台要放在便于工作和光线适宜的地方。面对面使用钳台时，中间要装安全防护网。钻床和砂轮机一般应安装在场地的边沿，以保证安全。

（2）使用的机床、工具（如钻床、砂轮机、手电钻等）要经常检查，发现损坏或故障要及时报修，在未修好前不得使用。

（3）在使用电动工具时，要有绝缘防护和安全接地措施。使用砂轮时，要戴好防护眼镜。在钳台上进行錾削时要有防护网，清除切屑时要用刷子，不得直接用手或棉丝清除，更不能用嘴吹。

（4）毛坯和已加工零件应放置在规定位置，排列整齐平稳，要保证安全、便于取放，并避免碰伤已加工过的工件表面。

（5）工量具的安放应满足下列要求：

① 在钳台上工作时，工量具应按次序排列整齐，一般为了取用方便，右手取用的工具放在台虎钳的右侧，左手取用的工具放在台虎钳的左侧，量具放在台虎钳的右前方，也可以根据加工情况把常用工具放在台虎钳的右侧，其余的放在左侧，但不管如何放置，工量具不能超出钳桌的边缘，防止活动钳身的手柄旋转时碰到工量具而发生事故；

② 量具在使用时不能与工具或工件混放在一起，应放在量具盒内或放在专用的板架上；

③ 工具在不用时要摆放整齐，以方便取用，不能乱放，更不能叠放；

④ 工量具要整齐放在工具箱内，并有固定的位置，不得任意堆放，以防损坏和取用不便；

⑤ 量具每天使用完毕后，应擦拭干净，并做一定的保养，放在专用的盒内；

⑥ 工作场地应保持整洁、卫生。工作完毕后，使用过的设备和工具都要按要求进行清理和涂油，工作场地要清扫干净，铁屑、铁块、垃圾等要分别倒在指定的位置。

项目 2 钳 工 测 量

任务 2.1 定位块测量

1. 任务简析

测量是保证零件加工精度及检验零件是否合格的重要手段。通过对定位块基本尺寸的测量，掌握钳工常用量具游标卡尺、千分尺的结构特点。掌握游标卡尺、千分尺的正确使用和保养方法，并能通过检测结果判断零件是否符合要求。

2. 相关实习图纸

定位块测量图纸如图 2-1 所示。

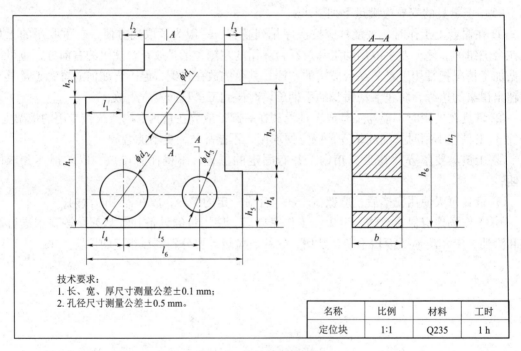

技术要求：
1. 长、宽、厚尺寸测量公差±0.1 mm；
2. 孔径尺寸测量公差±0.5 mm。

名称	比例	材料	工时
定位块	1:1	Q235	1 h

图 2-1 定位块测量图纸

3. 准备工作

1）材料准备

定位块。

2）量具准备

游标卡尺、千分尺。

3）实训准备

领用并清点工量具，了解工量具的使用方法及要求。实训结束后，按照工量具清单清点，完毕后交指导教师验收。复习有关理论知识，详细阅读实训指导说明书。

4. 相关工艺和原理

1）游标卡尺

（1）游标卡尺的结构

游标卡尺是一种测量工件外径、孔径、长度、宽度、深度、孔距等尺寸的量具。游标卡尺由主尺和附在主尺上能滑动的游标两部分构成。主尺一般以毫米为单位，而游标上则有 10、20 或 50 个分格，根据分格的不同，游标卡尺可分为十分度游标卡尺、二十分度游标卡尺、五十分度游标卡尺等，游标为十分度的长 9 mm，二十分度的长 19 mm，五十分度的长 49 mm。游标卡尺的主尺和游标上有两副活动量爪，分别是内测量爪和外测量爪，内测量爪通常用来测量内径，外测量爪通常用来测量长度和外径。常用的游标卡尺有普通游标卡尺、深度游标卡尺、高度游标卡尺、齿轮游标卡尺等。游标卡尺的结构如图 2-2 所示。

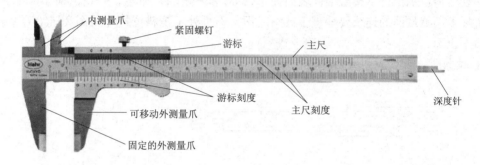

图 2-2 游标卡尺的结构

测量时，旋松紧固螺钉可使游标沿主尺移动，并通过游标和主尺上的刻线进行读数。在调节尺寸时，可先将微调装置上的紧固螺钉旋紧，再通过微调螺母与螺杆配合推动游标前进或后退，从而获得所需要的尺寸，前端量爪可分别用来测量外径、孔径、长度、宽度、孔距等尺寸，后端深度针可用来测量深度尺寸。

（2）游标卡尺如何读数

游标卡尺测量工件时，读数时首先以游标零刻度线为准，在主尺上读取毫米整数，即以毫米为单位的整数部分。然后看游标上第几条刻度线与主尺的刻度线对齐，如第 6 条刻度线与主尺刻度线对齐，则小数部分即为 0.6 mm（若没有正好对齐的线，则取最接近对齐的线进行读数）。如有零误差，则一律用上述结果减去零误差（零误差为负，相当于加上相同大小的零误差），读数结果为：

$$L = 整数部分 + 小数部分 - 零误差$$

判断游标上哪条刻度线与主尺刻度线对准，可用下述方法：选定相邻的三条线，如左侧的线在主尺对应线之右，右侧的线在主尺对应线之左，中间那条线便可以认为是对准了，读数方法如下：

$$L = 对准前刻度 + 游标上与主尺刻度线对齐的刻度线刻度 n \times 分度值$$

例如，在图 2-3 中，对准前刻度为 50，游标上第 7 条刻度线与主尺刻度对齐，则测量尺寸为：

图 2-3　游标卡尺的读数方法

$$L = 50 + 0.7 = 50.7$$

（3）游标卡尺的使用要点

①测量前先把量爪和被测表面擦干净，检查游标卡尺各部件的相互作用，如游标移动是否灵活，紧固螺钉能否起作用等。

②校准量爪的准确性。两量爪紧密贴合，应无明显的光隙，主尺零线与游标零线应对齐。

③测量时，应先将两量爪张开到略大于被测尺寸，再将固定量爪的测量面紧贴工件，轻轻移动活动量爪至量爪接触工件表面为止，如图 2-4（a）所示，并找出最小尺寸。测量时，游标卡尺测量面的连线要垂直于被测表面，不可处于歪斜位置［见图 2-4（b）］，否则测量值不正确。

④读数时，卡尺应朝着亮的地方，目光应垂直尺面。

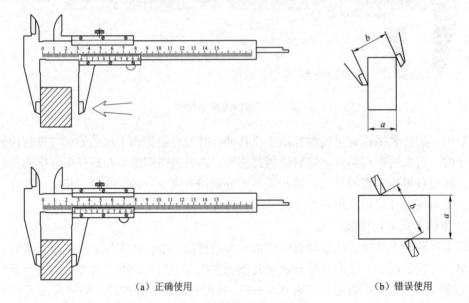

（a）正确使用　　　　　　　　　　　　　　　　　　　（b）错误使用

图 2-4　游标卡尺的使用

2）千分尺

（1）千分尺的结构

千分尺又称螺旋测微器、螺旋测微仪、分厘卡，是比游标卡尺更精密的测量长度的工具，用它测长度可以准确到 0.01 mm，测量范围为几个厘米。其规格按测量范围可分 0～25 mm、25～50 mm、50～75 mm、75～100 mm、100～125 mm 等。

千分尺的结构如图 2-5 所示。它的一部分加工成螺距为 0.5 mm 的螺纹，当它在固定套筒的螺套中转动时，将前进或后退，微分筒和螺杆连成一体，其周边等分成 50 个分格。螺杆转动的整圈数由固定套筒上间隔 0.5 mm 的刻线去测量，不足一圈的部分由微分筒周边的刻线去测量，最终测量结果需要估读一位小数。

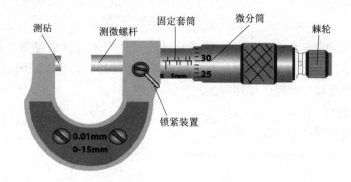

测砧　测微螺杆　固定套筒　微分筒　棘轮

锁紧装置

0.01mm
0-15mm

图 2-5　千分尺的结构

千分尺的制造精度分为 0 级和 1 级，0 级精度最高，1 级稍差，其制造精度主要是由它的示值误差和两测量面平行度误差的大小来决定的。

（2）千分尺如何读数

千分尺的具体读数方法可分 4 步，如图 2-6 所示。

① 先读固定刻度。

② 再读半刻度，若半刻度线已露出，记作 0.5 mm；若半刻度线未露出，记作 0.0 mm。

③ 再读可动刻度（注意估读）。记作 $n \times 0.01$ mm，其中 n 为微分筒与固定套筒水平刻度线对齐的刻度数。

④ 最终读数结果为固定刻度+半刻度+可动刻度+估读。

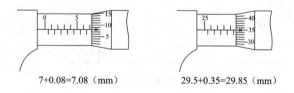

7+0.08=7.08（mm）　　　29.5+0.35=29.85（mm）

图 2-6　千分尺的读数方法

（3）千分尺的使用和保养

千分尺的使用和保养事项如下：

① 检查零位线是否准确；

② 测量时须把工件被测量面擦干净；

③ 工件较大时应放在 V 形铁或平板上测量；

④ 测量前将测量杆和砧座擦干净；

⑤ 拧微分筒时需用棘轮装置；

⑥ 不要拧松后盖，以免造成零位线改变；

⑦ 不要在固定套筒和微分筒间加入普通机油；

⑧ 用后擦净上油，放入专用盒内，置于干燥处。

任务 2.2　测量燕尾配合

1. 任务简析

如图 2-7 所示的燕尾配合件，除了长度尺寸测量外，还需要掌握角度和配合间隙的测量。在实际工作中，可以用万能角度尺和塞尺来完成角度和配合间隙的测量工作，因而必须熟练地掌握万能角度尺、塞尺的使用方法。

2. 相关实习图纸

燕尾配合件测量图纸如图 2-7 所示。

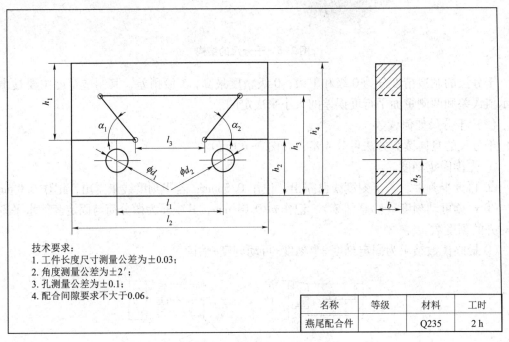

技术要求：
1. 工件长度尺寸测量公差为±0.03；
2. 角度测量公差为±2′；
3. 孔测量公差为±0.1；
4. 配合间隙要求不大于0.06。

名称	等级	材料	工时
燕尾配合件		Q235	2 h

图 2-7　燕尾配合件测量图纸

3. 准备工作

1）材料准备

燕尾配合件。

2）量具准备

游标卡尺、千分尺、塞尺、万能角度尺、φ10 mm 芯棒。

3）实训准备

领用并清点工量具，了解工量具的使用方法及要求。实训结束时，按照工量具清单清点后交指导教师验收。复习有关理论知识，详细阅读实训指导书。

4. 相关工艺和原理

1）万能角度尺

（1）万能角度尺的结构

万能角度尺又被称为角度规、游标角度尺和万能量角器，它是利用游标读数原理来直接测量工件角或进行划线的一种角度量具。万能角度尺适用于机械加工中的内、外角度测量，可测 0°～320° 外角及 40°～130° 内角。按游标的测量精度分为 2′ 和 5′ 两种，钳工常用的是测量精度为 2′ 的万能角度尺，其结构如图 2-8 所示。

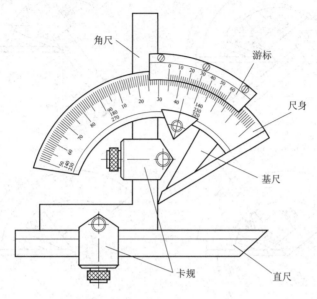

图 2-8　钳工用万能角度尺的结构

（2）万能角度尺的读数方法

先读出游标零线前的角度是几度，再从游标上读出角度"分"的数值，两者相加就是被测零件的角度数值，具体如图 2-9 所示。

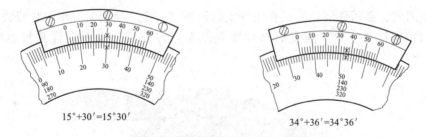

$15°+30'=15°30'$　　　　$34°+36'=34°36'$

图 2-9　万能角度尺的读数方法

（3）万能角度尺的测量范围

如图 2-10 所示，在万能角度尺上，基尺是固定在尺座上的，角尺是用卡块固定在扇形板上的，游标是用卡块固定在角尺上。若把角尺拆下，也可把直尺固定在扇形板上。由于角尺和直尺可以移动和拆换，使万能角度尺可以测量 0°～320° 的任何角度。

2）塞尺

塞尺又称测微片或厚薄规，是用于检验间隙的测量器具之一，其横截面为直角三角形，在斜边上有刻度，利用锐角正弦直接将短边的长度表示在斜边上，这样就可以直接读出缝的大小了。塞尺有两个平行的测量平面，其长度制成 50 mm、100 mm 和 200 mm，由若干片叠合在夹板里，如图 2-11 所示。

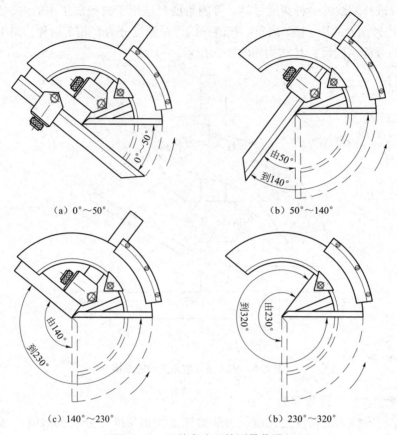

（a）0°～50°   （b）50°～140°

（c）140°～230°   （b）230°～320°

图 2-10　万能角度尺的测量范围

　　塞尺使用前，必须先清除塞尺和工件上的污垢与灰尘。使用时可用一片或数片重叠插入间隙，以稍感拖滞为宜。测量时动作要轻，不允许硬插。也不允许测量温度较高的零件。

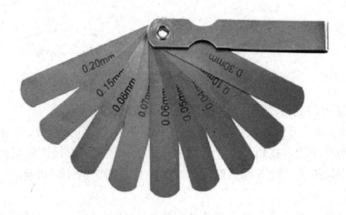

图 2-11　塞尺

　　3）l_3 尺寸的间接测量

　　图 2-12 中尺寸 l_3 用游标卡尺或千分尺都无法直接测量，因而借助芯棒间接测量，具体

的方法如图 2-12 所示。

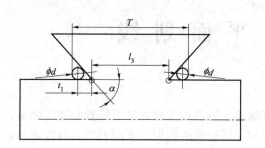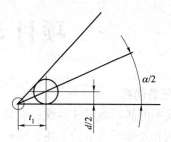

$$l_3=T-2(t_1+d/2) \qquad t_1=(d/2)*\cot(\alpha/2)$$

图 2-12　l_3 尺寸的间接测量

项目3 平面划线

1. 任务简析

划线不但能明确尺寸界线，而且可以确定工件各加工面的加工位置和加工余量，并且能及时发现和处理不合格的毛坯，从而避免加工后造成的损失。平面划线只需在工件的一个平面上划线，就能明确表示出加工界线。在划线加工中，要求划出的线条清晰均匀，最重要的是要求尺寸必须准确。本项目要求掌握各种划线工具的正确使用方法及使用规范，以及划线的基本方法。

2. 相关实习图纸

平面划线练习图纸如图 3-1 所示。

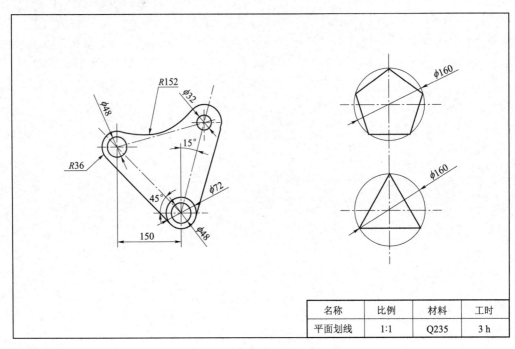

名称	比例	材料	工时
平面划线	1:1	Q235	3 h

图 3-1　平面划线练习图纸

3. 准备工作

1）材料准备

250 mm×150 mm 厚度为 2 mm 的 Q235 板料。

2）工具准备

锤子、划规、样冲、划针、划线盘、划线平板。

3）量具准备

90°角尺、角度尺、钢板尺、高度划线尺。

4）实训准备

领用并清点工量具，了解工量具的使用方法及要求。实训结束后，按照工量具清单清点完毕后交指导教师验收。复习有关理论知识，详细阅读实训指导说明书。

4. 相关工艺和原理

1）划线工具的种类及使用方法

划线工具按其用途可分为基准工具、直接划线工具、测量工具、辅助工具共 4 类。

（1）基准工具

常用的基准工具有 V 形架，直角铁、方箱、划线平板、磁性吸盘等，如图 3-2 所示。基准工具要求各工作表面要相互垂直、平整。基准工具主要用于放置各种工件，使工件划线时处于正确的位置。使用基准工具时，必须保持工作面清洁，表面不得有毛刺或因与其他物件发生撞击和挤压而产生的损伤。

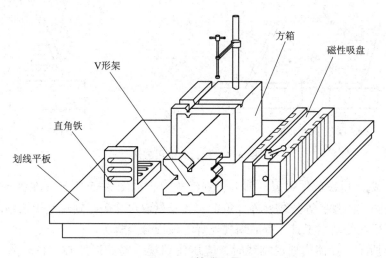

图 3-2　基准工具

划线平板是检查机器零件平面度、直线度等形位公差的测量基准，也可用于零件划线研磨加工、安装设备等用途，是检验机械零件平面度、平行度、直线度等形位公差的测量基准，也可用于一般零件及精密零件的划线、铆焊研磨工艺加工及测量等。在划线过程中，应使划线平板表面保持清洁，防止铁屑、灰砂等在划线工具或工件的拖动下划伤平板，工具和工件在平板上应轻拿轻放，避免撞击，更不可以在平板上敲击工件。平板使用后应揩净并涂油防锈。

（2）直接划线工具

常用的直接划线工具有直尺、三角板、划线样板、划针、划规、划线盘、样冲等。

① 直尺、三角板、划线样板。直尺、三角板用于划直线和一些特殊的角度。在工件批量划线时，可按要求制作一些专用划线样板直接划线，要求尺身平整、棱边光滑、没有毛刺。

② 划针。如图 3-3 所示，划针主要是钳工用来在工件表面划线条的。常用弹簧钢丝或高速钢制成，直径为 3~6 mm，尖端成 15°~20°，并经淬硬处理，变得不易磨损和变钝。有的划针在尖端部焊有硬质合金，耐磨性更好。

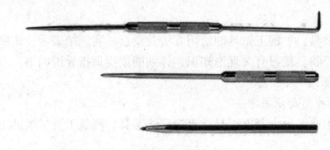

图 3-3 划针

使用时，一定要使划针的尖端抵在直尺的底边，如图 3-4 所示，划针上部向外侧倾斜 15°~20°，沿划线方向倾斜 45°~75°，这样划出的线直尺寸正确。另外，还须保持针尖的尖锐，要尽量做到一次划成，这样划出的线条既清晰、笔直又准确。

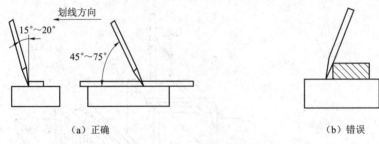

（a）正确 （b）错误

图 3-4 划针的使用方法

③ 划规。划规也被称作圆规、划卡、划线规等，如图 3-5 所示。在钳工划线工作中，可以用划规划圆、圆弧、等分线、等分角度，以及量取尺寸等，划规是用来确定轴及孔的中心位置、划平行线的基本工具。有的划规还焊上硬质合金脚尖。

如图 3-6 所示，在使用划规划线时，应压住划规一脚加以定心，转动另一脚划线，划规要基本垂直于划线表面，可略有倾斜，但不能太大。另外，必须保持脚尖的尖锐，以保证划出的线条清晰，在划尺寸较小的圆时，须把划规两脚的长度磨得稍有不同，而且两脚合拢时脚尖能靠紧。

图 3-5 划规 （a）划圆 （b）划平行线

图 3-6 划规的正确使用

④ 划线盘。划线盘是用来在划线平板上对工件进行划线或找正位置的工具。划线盘的结构组成主要由底座、立柱、划针和夹紧螺母等组成。划针的直端用来划线，弯头一端用于

对工件安放位置的找正。

如图 3-7 所示，在使用划线盘时，利用夹紧螺母可使划针处于不同的位置，划针伸出部分应尽量短些，并要牢固地夹紧。划线时握稳盘座，使划针与工件划线表面之间保持 40°～60° 的夹角，底座平面始终与划线平板表面贴紧移动，线条一次划出。在划较长直线时，应采用分段连接的方法，避免在划线过程中由于划针的弹性变形和划线盘本身的移动所造成的划线误差。

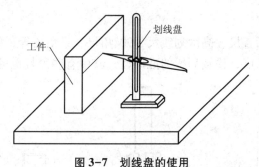

图 3-7 划线盘的使用

⑤ 样冲。在钳工、机械钻孔中，很多需要划线。为了避免划出的线被擦掉，要在划出线上以一定的距离打一个小孔（小眼）做标记，做标记的这个冲子就是样冲。如图 3-8 所示。样冲一般用工具钢制成，尖端处淬硬，冲尖顶角 θ 磨成 40°～60°。用于钻孔定中心时，尖角取大值。

图 3-8 样冲

如图 3-9 所示，冲点时要先找正再冲点。找正时将样冲外倾，使尖端对准线的正中，然后再将样冲直立。冲点时先轻打一个印痕，检查无误后再重打冲点以保证冲眼在线的正中。

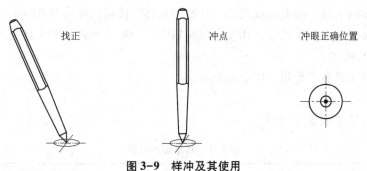

找正   冲点   冲眼正确位置

图 3-9 样冲及其使用

直线上的冲眼距离可大些，但在短直线上至少要有三个冲眼；在曲线上冲眼距离要小些，直径小于 20 mm 的圆周线上应有 4 个冲眼，而直径大于 20 mm 的圆周线上应有 8 个冲眼；在线条的相交处和拐角处必须打上冲眼，如图 3-10 所示。另外，粗糙毛坯表面冲眼应深些，光滑表面或薄壁工件应浅些，而精加工表面绝不可以打上冲眼。

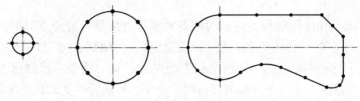

图 3-10 冲眼要点

（3）测量工具

常用的测量工具包括直尺、高度划线尺、90°角尺、量角器等，如图 3-11 所示。测量工具主要用于量取尺寸和角度，检查划线的准确性，其中有些工具也可直接用来划线。

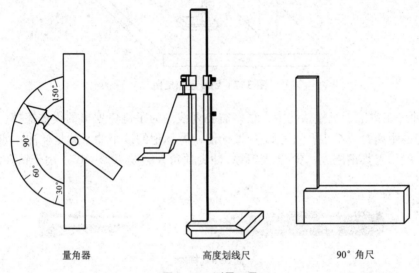

| 量角器 | 高度划线尺 | 90°角尺 |

图 3-11 测量工具

钢直尺是一种简单的尺寸量具。在尺面上刻有尺寸线，最小刻线间距为 0.5 mm，长度规格有 150 mm、300 mm、100 mm。最大的特点是刻线的零刻度与尺身的边缘重合，也可作为划直线时的导向工具。高度划线尺是一种精密量具，读数精度为 0.02 mm，装有硬质合金划线脚，能直接表示出高度尺寸，用丁半成品划线，一般不允许用于毛坯划线。

（4）辅助工具

常用的辅助工具有千斤顶、C 形夹头等。

2）基本划线方法

基本划线方法如表 3-1 所示。

表 3-1　基本划线方法

划线要求	图　　示	划线方法
将线段 AB 进行五等分（或若干等分）		（1）由 A 点作一射线并与已知线段 AB 成某一角度； （2）从 A 点在射线上任意截取五等分点 D、E、F、G； （3）连接 BC，并过 D、E、F、G 分别作 BC 线段的平行线，在 AB 线上的交点即为 AB 线段的五等分点

划线要求	图　示	划线方法
作与线段 AB 距离为 R 的平行线		(1) 在已知线段上任取两点 C、D； (2) 分别以 C、D 为圆心，R 为半径，在同侧作圆弧； (3) 作两圆弧的公切线，即为所求的平行线
过线外一点 P，作线段 AB 的平行线		(1) 在 AB 线段上取一点 O； (2) 以 O 为圆心，OP 为半径作圆弧，交 AB 于 C、D； (3) 以 D 为圆心，CP 为半径作圆弧，交圆弧 CD 于 E； (4) 连接 PE，即为所求平行线
过已知线段 AB 的端点 B 作垂直线段		(1) 以 B 为圆心，取 BC 为半径，作圆弧交线段 AB 于 C； (2) 以 BC 为半径，从 C 点在圆弧上截取圆弧段 CD 和 DE； (3) 分别以 D、E 为圆心，BC 为半径作圆弧，交点为 F； (4) 连接 BF，即为所求垂直线段
作与两相交直线相切的圆弧线		(1) 在两相交直线的角度内，作与两直线相距 R 的两条平行线，交于 O 点； (2) 以 O 为圆心，R 为半径作圆弧
作与两圆外切的圆弧线		(1) 分别以 O_1 和 O_2 为圆心，以 R_1+R 及 R_2+R 为半径作圆弧，交于 O 点； (2) 以 O 为圆心、R 为半径作圆弧
作与两圆内切的圆弧线		(1) 分别以 O_1 和 O_2 为圆心，以 $R-R_1$ 及 $R-R_2$ 为半径作圆弧，交于 O 点； (2) 以 O 为圆心、R 为半径作圆弧
作与两相向圆相切的圆弧线		(1) 分别以 O_1 和 O_2 为圆心，以 $R-R_1$ 及 $R+R_2$ 为半径作圆弧，交于 O 点； (2) 以 O 为圆心、R 为半径作圆弧

项目 4　锯 削 技 巧

任务 4.1　锯削姿势练习

1. 任务简析

锯削是钳工基本操作之一，通过锯削姿势训练，掌握手锯的握法、锯削站立姿势和动作要领，并能根据不同材料要求正确选用锯条；了解锯条折断、锯缝歪斜的原因，遵守安全文明操作要求，为各种材料的正确锯削打好基础。

2. 相关实习图纸

锯削姿势练习图如图 4-1 所示。

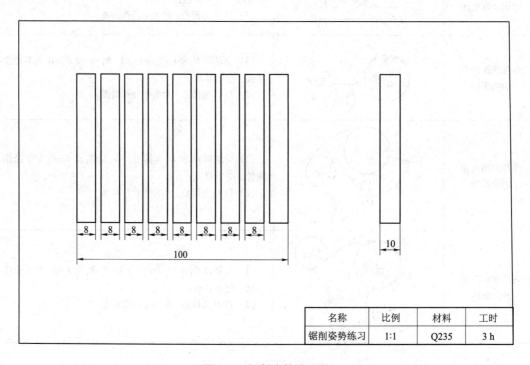

名称	比例	材料	工时
锯削姿势练习	1:1	Q235	3 h

图 4-1　锯削姿势练习图

3. 准备工作

1）材料准备

60 mm×100 mm×10 mm，Q235 钢板。

2）工具准备

手锯、锯条等。

3）量具准备

钢皮尺。

4）实训准备

领用并清点工量具，了解工量具的使用方法及要求。实训结束时，按工量具清单清点后交指导教师验收。复习有关理论知识，详细阅读实训指导书。

4. 相关工艺和原理

1）手锯

用手锯对材料或工件进行分割或锯槽的加工方法称为锯削。

手锯由锯弓和锯条两部分组成，如图 4-2 所示。

（1）锯弓

锯弓是用来安装和张紧锯条的工具，分为固定式和可调式两种，如图 4-3 所示。

固定式锯弓，在手柄的一端有一个装锯条的固定夹头，在前端有一个装锯条的活动夹头。可调整式锯弓，与固定式弓锯相反，装锯条的固定夹头在前端，活动夹头靠近捏手的一端。

固定夹头和活动夹头上均有一销，锯条就挂在两销上。这两个夹头上均有方榫，分别套在弓架前端和后端的方孔导管内。旋紧靠近捏手的翼形螺母就可把锯条拉紧。需要在其他方向装锯条时，只需将固定夹头和活动夹头拆出，转动方榫再装入即可。

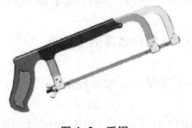

图 4-2　手锯

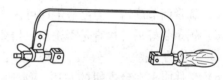

图 4-3　锯弓

（2）锯条

锯条是用来直接锯削材料或工件的刃具。锯条一般用渗碳钢冷轧而成，也有用碳素工具钢或合金钢制成，并经热处理淬硬，具体有以下几种。

① 双金属锯条。双金属锯条由两种金属焊接而成的锯条，具体地说是由碳钢锯身和高速钢锯齿组成，用于切割管件、实心体、木材、塑料及所有可加工金属。相比单金属锯条，双金属锯条抗热及抗磨损性更高，寿命更长，柔韧性更强，可以有效避免在切割过程中断裂、破损。

② 碳化砂锯条。碳化砂锯条用于切割玻璃、硬化钢、绞合光纤及瓷砖，其抗热性及抗磨损性超强，可以切割所有其他锯片或锯条不能切割的物质。

碳化砂锯条切削硬质合金可达 300 mm/min，切削大理石可达 100 mm/min，切削花岗石可达 40 mm/min，是传统往复锯或线切割效率的几十倍，其切口窄（只有 1.2~2 mm），与传统的往复锯和圆盘锯相比可省原料 6~10 倍，可为用户带来显著的经济效益，这些优点都是传统的往复锯、圆盘锯无法比拟的。

③ 高速钢锯条。高速钢锯条用于切割管件、实心体、木材、塑料及所有可加工金属，

锯条硬度比其他高速钢更高。柔韧性强，很适合与张力小的锯架配套使用。锯带背面中心处没有经过硬化，应注意避免在切割过程中破裂。

④ 碳钢锯条。碳钢锯条用于切割管件、实心体、木材、塑料及所有可加工金属，其优点是成本低、比较通用。

锯条除材质不同外，还有锯齿粗细之分，锯齿的粗细规格及选择如表4-1所示。

表4-1 锯齿的粗细规格及选择

锯条粗细	每25 mm长度内的齿数	应 用
粗	14～18	锯削铜、铝、铸铁、软钢等
中	22～24	锯削中等硬度钢，锯削厚壁的钢管、铜管等
细	32	锯削薄壁管子、薄板材料等
细变中	32～20	一般工厂中使用，易于起锯

2）锯削操作方法

（1）锯削前的准备

① 锯条的安装。

a）根据锯弓的尺寸选择合适的锯条，如果是可调节锯弓，则可根据锯条调节锯弓尺寸；

b）将锯条的两个孔套进锯弓上的固定柱上，锯齿应该朝向远离把手一侧；

c）旋紧调节旋钮，力度适中即可；

d）锯条装好后，检查是否歪斜、扭曲，如存在以上现象，应加以校正。

② 工件的夹持。

a）工件应夹在台虎钳的左边，便于操作。伸出钳口不应过长，以免锯削时产生振动，一般锯缝离开钳口侧面约20 mm。锯缝线与钳口侧面保持平行。

b）工件一定要夹紧牢固，避免锯削时工件移动或使锯条折断。

c）防止工件变形及夹坏已加工表面。

（2）锯削姿势及要领

① 握锯方法。

手锯的握法如图4-4所示。右手满握锯柄，如图4-4（a）所示。左手常用的握法有三种，如图4-4（b）～图4-4（d）所示。死握法［见图4-4（b）］易疲劳，两手配合的协调力差，较少采用；活握法［见图4-4（c）］左手虎口压紧在锯弓前端，其余四指自然收拢，与右手协调，轻松自然；抱握法［见图4-4（d）］拇指压在锯背上，其余四指轻扶在锯弓前端，易将锯弓扶正，应用较广。

② 站立位置和姿势。

锯削时的站立步位和姿势如图4-5所示。

③ 锯削动作。

锯削动作如图4-6所示。

a）锯削开始时，如图4-6（a）所示，右腿站稳伸直，左腿略有弯曲，身体向前倾斜约 10°，保持自然，重心落在左脚上。双手握正手锯，左臂略弯曲，右臂尽量向后收，与锯削方向保持平行。

b）向前锯削时，如图 4-6（b）所示，身体与手锯一起向前运动，此时，左腿向前弯曲，右腿伸直向前倾，重心落在左脚上。

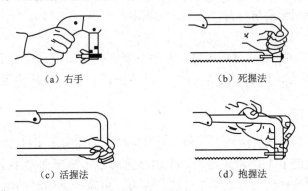

　　（a）右手　　　　　　　　　（b）死握法

　　（c）活握法　　　　　　　　（d）抱握法

图 4-4　手锯握法

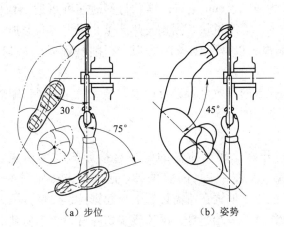

　　（a）步位　　　　　　　　　（b）姿势

图 4-5　锯削时的站立步位和姿势

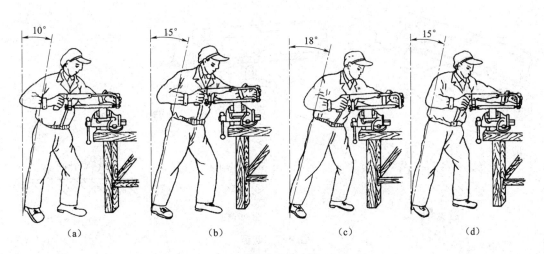

　（a）　　　　　　（b）　　　　　　（c）　　　　　　（d）

图 4-6　锯削时的动作

c）随着手锯行程的继续推进，如图4-6（c）所示，身体倾斜的角度也随之增大，左右手臂均向前伸出。

d）当手锯推进至3/4行程时，如图4-6（d）所示，身体停止前进，两臂继续推进手锯向前运动，身体随着锯削的反作用力，重心后移，退回到15°左右。锯削行程结束后，取消压力，将手和身体回到最初位置，做第二次锯削。

④ 锯削压力。

锯削运动时，右手控制推力和压力，左手主要起扶正作用，压力不要过大。手锯推出时为切削，要施加压力，回程时不加压力，以免锯齿磨损。工件将要锯断时，压力一定要小。

⑤ 锯削运动和速度。

锯削时手锯的运动形式有两种：一种是直线运动，如锯薄形工件和锯缝底面要求平直的槽；另一种是小幅度的上下摆动式运动，手锯推进时右手下压而左手上提，回程时右手上抬，左手自然跟进，这种运动方式操作自然、省力，可减少锯削时的阻力，提高锯削效率，锯削运动大都采用这种运动方式。

锯削运动速度一般为40次/min左右，锯软材料时速度可适当快些，锯硬材料时慢些。速度过慢，影响锯削效率；速度过快，锯条发热严重，锯齿容易磨损。必要时，可加水、乳化液或机油进行冷却润滑，以减轻锯条的磨损。锯削行程应保持匀速，返回时速度可以快些。

锯削时应充分利用锯条的有效全长进行切削，避免局部磨损，缩短锯条的使用寿命。一般锯削行程不小于锯条全长的2/3。

（3）起锯方法

起锯是锯削运动的开始，起锯质量的好坏直接影响锯削质量。起锯有远起锯［见图4-7（a）］和近起锯［见图4-7（b）］两种。起锯的方法如图4-7（c）所示，用左手拇指靠住锯条，使锯条能正确地锯在所需位置上，起锯行程要短，压力要小，速度要慢。远起锯是指从工件远离操作者的一端起锯，锯齿逐步切入材料，不易被卡住，起锯较方便。近起锯是指从工件靠近操作者的一端起锯，这种方法如果掌握不好，锯齿容易被工件的棱边卡

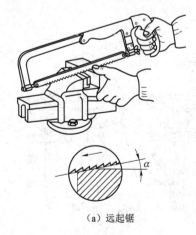

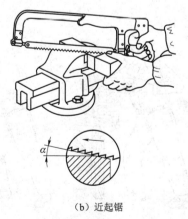

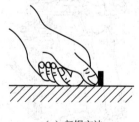

（a）远起锯　　　　　　　（b）近起锯　　　　　　　（c）起锯方法

图4-7　起锯

住，造成锯条崩齿，此时，可向后拉手锯作倒向起锯，使起锯时接触的齿数增加，就不会使锯条被棱边卡住而崩齿。一般情况下，采用远起锯的方法。当起锯到槽深 2～3 mm 时，锯条已不会滑出槽外，左手拇指可离开锯条，扶正锯弓逐渐使锯痕向后（向前）成水平，然后正常锯削。

如图 4-8 所示，无论采用哪种起锯方法，起锯角度要小，一般在 15°左右。如果起锯角度过大，则起锯不易平稳，锯齿容易被棱边卡住而引起崩齿，尤其是近起锯时。但起锯角度也不宜太小，否则，由于同时与工件接触的齿数过多而不易切入材料，锯条还可能打滑而使锯缝发生偏离，在工件表面锯出许多锯痕，将影响表面质量。

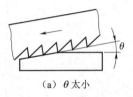
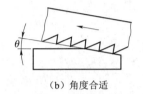
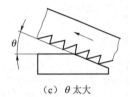

|（a）θ 太小 | （b）角度合适 | （c）θ 太大 |

图 4-8　起锯角度

（4）锯削安全知识

① 锯条安装时松紧要适当，锯削时不要突然用力过猛，防止工作中锯条折断从锯弓中崩出伤人。

② 工件将要锯断时压力要小，避免压力过大使工件突然断开，手向前冲出而造成事故。要用左手扶住工件断开部分，避免掉下砸伤脚。

任务 4.2　长方体的锯削

1. 任务简析

长方体锯削是在锯削姿势练习的基础上进行的，目的是进一步提高锯削技能，并能对各种不同形体的材料进行正确的锯削，特别是掌握深缝锯削技能，达到图纸要求的锯削精度。

2. 相关实习图纸

长方体锯削练习图如图 4-9 所示。

3. 准备工作

1）材料准备

ϕ30 mm×115 mm，45 号钢。

2）工具准备

手锯、锯条、V 形铁等。

3）量具准备

钢皮尺、高度划线尺。

4）实训准备

领用并清点工量具，了解工量具的使用方法及要求。实训结束时，按工量具清单清点后交指导教师验收。复习有关理论知识，详细阅读实训指导书。

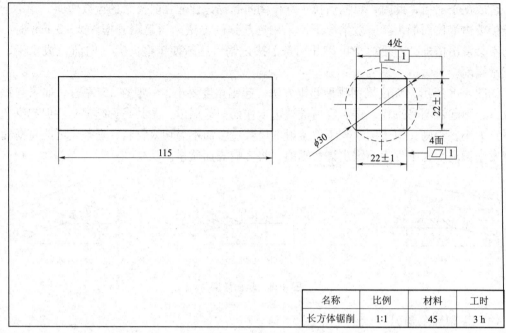

名称	比例	材料	工时
长方体锯削	1:1	45	3 h

图 4-9　长方体锯削练习图

4. 相关工艺和原理

1）各种材料的锯削

（1）棒料的锯削

如果棒料的断面要求平整，应从一个方向起锯直到结束。如果锯削的断面要求不高，可不断改变锯削的方向，当锯入一定深度后再将棒料转过一个角度重新起锯，以减小锯削阻力，提高锯削效率。

（2）管料的锯削

锯削管料不可在一个方向连续锯削到结束，否则锯齿会被管壁钩住而导致崩裂。应该先只锯到管料内壁，锯穿为止，然后把管子向推锯的方向转过一定的角度，锯条仍按原来锯缝继续锯到管子内壁。这样不断改变方向，直到锯断为止。对于薄壁管子或外圆精加工的管子，需要装夹在两块 V 形槽的木衬垫之间，以免将管子夹扁或损坏管子表面。管料的锯削如图 4-10 所示。

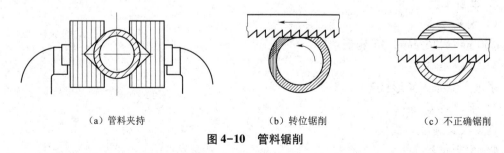

（a）管料夹持　　　　　（b）转位锯削　　　　　（c）不正确锯削

图 4-10　管料锯削

（3）薄板料的锯削

锯削薄板料时，可将薄板夹在两木垫或金属垫之间，连同木垫或金属垫一起锯削，这样既可避免锯齿被钩住，又可增加薄板的刚性。另外，若将薄板料夹在台虎钳上，用手锯做横向斜推，就能使同时参与锯削的齿数增加，避免锯齿被勾住，同时能增加工件的刚性。薄板锯削如图 4-11 所示。

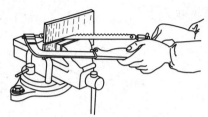

图 4-11　薄板锯削

（4）深缝锯削

深缝是指锯弓的高度低于锯缝。先正常锯削，如图 4-12（a）所示。锯削到一定程度时，应将锯条旋转 90°安装，使锯弓转到工件的侧面，如图 4-12（b）所示。也可将锯弓旋转 180°，使锯弓放在工件底面，锯条装夹成锯齿朝向锯弓内进行锯削，如图 4-12（c）所示。

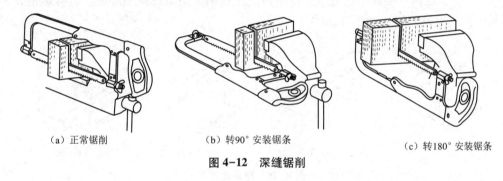

（a）正常锯削　　　　　（b）转90°安装锯条　　　　　（c）转180°安装锯条

图 4-12　深缝锯削

深缝锯削时，由于台虎钳钳口的高度有限，工件应不断改变装夹位置，使锯削部位始终处于钳口附近，而不是离钳口过高或过低，不然工件会因振动而影响锯削质量，同时也极易损坏锯条，缩短锯条的寿命。

（5）型钢的锯削

① 扁钢。

扁钢的锯削应从扁钢宽的一面进行锯削，如图 4-13（a）所示，这样锯缝较长，同时参加锯削的锯齿多，锯往复的次数较少，因此减少锯齿被钩住和折断的危险，并且锯缝较浅，锯条不会被卡住，从而延长锯条的寿命。如果从扁钢窄的一面起锯，如图 4-13（b）所示，则锯缝短，参加锯割的锯齿少，锯缝深，会使锯齿迅速变钝，甚至折断。

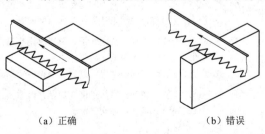

（a）正确　　　　　　（b）错误

图 4-13　扁钢锯削

② 角铁。

角铁的锯削应从宽面进行，锯好角铁的一面后，将角铁转过一个方向再锯，如图 4-14 所示，这样才能得到较平整的断面，锯齿也不易被钩住。若将角铁从一个方向一直锯到底，则锯缝深而不平整，锯齿也易折断。

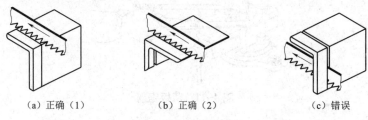

|（a）正确（1）|（b）正确（2）|（c）错误|

图 4-14　角铁锯削

③ 槽钢。

槽钢锯削时，也要尽量在宽的一面进行锯削，必须将槽钢从三个侧面方向锯削，如图 4-15 所示，这样才能得到较为平整的断面，并能延长锯条的使用寿命。若将槽钢装夹一次，从上面一直锯到底，则是错误的。

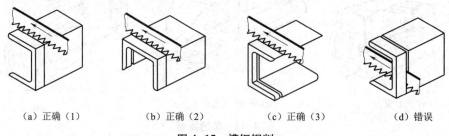

|（a）正确（1）|（b）正确（2）|（c）正确（3）|（d）错误|

图 4-15　槽钢锯削

2）锯削时常见的质量问题及产生原因

锯削时常见的质量问题及产生原因见表 4-2。

表 4-2　锯削质量问题及产生原因

锯削质量问题	产生原因
锯齿折断	（1）锯条装得过紧或过松； （2）锯削时压力太大或锯削用力偏离锯缝方向； （3）工件未夹紧，锯削时松动； （4）锯缝歪斜后强行纠正； （5）新锯条在旧锯缝中卡住而折断； （6）工件锯断时用力过猛，使手锯与台虎钳等物相撞而折断； （7）中途停止使用时，手锯未从工件中取出而碰断
锯齿崩裂	（1）锯齿的粗细选择不当，如锯管子、薄板时用粗齿锯条； （2）起锯角度太大，锯齿被卡住后仍用力推锯； （3）锯削速度过快或锯削摆动突然过大，使锯齿受到猛烈撞击
锯齿过早磨损	（1）锯削速度太快，使锯条发热过度而加剧锯齿磨损； （2）锯削硬材料时，未加冷却润滑液； （3）锯削过硬材料

锯削质量问题	产生原因
锯缝歪斜	（1）工件装夹时，锯缝线未与铅垂线方向一致； （2）锯条安装太松或与锯弓平面产生扭曲； （3）使用两面磨损不均匀的锯条； （4）锯削时压力太大而使锯条左右偏摆； （5）锯弓未扶正或用力歪斜，使锯条偏离锯缝中心平面
尺寸超差	（1）划线不正确； （2）锯缝歪斜过多，偏离划线范围
工件表面拉毛	起锯方法不对，把工件表面锯坏

项目5 錾削技巧

任务5.1 錾削姿势练习

1. 任务简析

錾削是钳工较为重要的基本操作之一，尽管錾削工作效率低，劳动强度大，但它所使用的工具简单，操作方便，在许多不便于机械加工的场合，仍起着重要的作用。

錾削姿势训练主要是定点敲击和元刃口錾削，目的是掌握錾子和手锤的握法、挥锤方法、站立姿势等，为平面、直槽錾削打基础。此外，通过錾削训练，还可提高锤击的准确性，为矫正、弯形和装拆机械设备打下扎实的基础。

2. 相关实习图纸

錾削姿势练习图如图5-1所示。

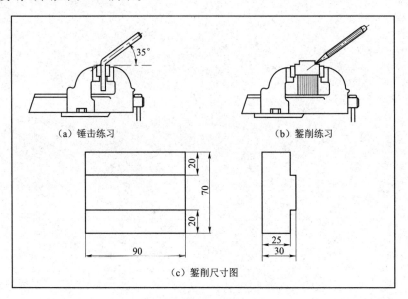

（a）锤击练习　　　　（b）錾削练习

（c）錾削尺寸图

图5-1　錾削姿势练习图

3. 准备工作

1）材料准备

台阶铁，型号HT150。

2）工具准备

掷头、呆錾子、无刃口錾子、垫木。

3）实训准备

领用并清点工具，了解工具的使用方法及要求。实训结束时，按工具清单清点后交指导教师验收。复习有关理论知识，详细阅读实训指导书。

4. 相关工艺和原理

1）錾削工具

錾削使用的工具是錾子和手锤。

（1）錾子

錾子一般用碳素工具钢锻打成型后，再进行刃磨和热处理。錾子由头部、柄部和切削部分组成，头部有一定的锥形，顶端略带球形，便于锤击时锤击力通过錾子中心线。柄部一般制成六边形、八边形等，防止錾削时錾子转动，并且能有效地控制方向。切削部分磨成楔形，以满足切削要求。

① 錾子的种类。

a）扁錾。扁錾又称阔錾，如图 5-2（a）所示，切削部分扁平，切削刃较长，且略带圆弧，其作用是在平面上錾去微小的凸起部分，切削刃两边的狭角不易损坏平面的其他部分。扁錾用来錾削平面，切割材料和去除毛刺、飞边等，应用最广。

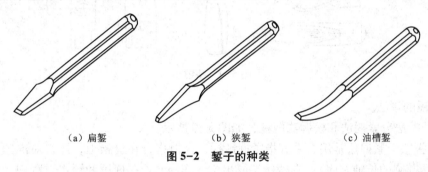

|（a）扁錾|（b）狭錾|（c）油槽錾|

图 5-2 錾子的种类

b）狭錾。狭錾又称尖錾、窄錾，如图 5-2（b）所示，狭錾切削刃较短，且刃的两侧从切削刃至柄部逐渐变窄，其作用是防止錾槽时錾子两侧面被工件卡住，而增加錾削阻力和加剧錾子侧面的磨损。狭錾斜面有较大的角度，是为了保证切削部分有足够的强度。狭錾主要用于錾槽及将板料切割成曲线形等。

c）油槽錾。油槽錾如图 5-2（c）所示，切削刃很短且呈半圆形，为了能在对开式的滑动轴承孔壁上錾削油槽，切削部分制成弯曲形状。油槽錾常用来錾削润滑油槽。

② 錾子的握法。

a）正握法。正握法是手心向下且腕部伸直，同时用左手中指和无名指握住錾子柄部，小指自然合拢，食指和大拇指自然伸直地松靠，錾子头部伸出约 20 mm 即可。如图 5-3（a）所示。錾子工作时不能握得太紧，否则錾削时手掌所承受的振动会变大，且一旦手锤打偏则会容易伤到手。錾削时，小臂自然平放，肘部不能抬高或者下垂，使錾子保持正确的后角。

b）反握法。动作要领为：手心向上，手指自然捏住錾子，手掌悬空，如图 5-3（b）所示。

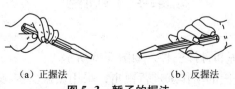

|（a）正握法|（b）反握法|

图 5-3 錾子的握法

（2）手锤

手锤又称榔头，是铆工常用的锤之一，錾削、矫正和弯曲、铆接及装拆零件等都用手锤来敲击。手锤一般指单手操作的锤子，它主要由手柄和锤头组成，如图 5-4 所示。手锤的规格是用锤头的质量来表示的，常用的锤头有 0.25 kg、0.5 kg 和 1 kg 等。手柄用比较坚韧的木材制成，如胡桃木、檀木等，截面形状为椭圆形，便于操作者定向握持，准确敲击。手柄长度约为 350 mm，若过长，会使操作不便，过短则挥力不够。

① 手锤的种类。

手锤的种类较多，一般分为硬头手锤和软头手锤两种。硬头手锤的锤头用碳素工具钢 T7 制成。软头手锤的锤头是用铅、铜、硬木、牛皮或橡皮制成的，多用于装配和矫正工作。

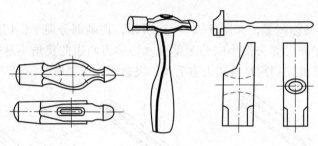

图 5-4　手锤

② 手锤的握法。

手锤的握法分紧握法和松握法两种，如图 5-5 所示。

a）紧握法。紧握法是用右手五指紧握锤柄，大拇指合在食指上，虎口对准锤头挥动的方向（木柄椭圆的长轴方向），木柄尾端露出 15～30 mm。在挥锤和锤击过程中，五指始终紧握，如图 5-5（a）所示。

b）松握法。松握法只用大拇指和食指始终握紧锤柄。在挥锤时，小指、无名指、中指则依次放松；在锤击时，又以相反的次序收拢握紧。这种握法的优点是手不易疲劳，且锤击力大，如图 5-5（b）所示。在本任务中统一练习。

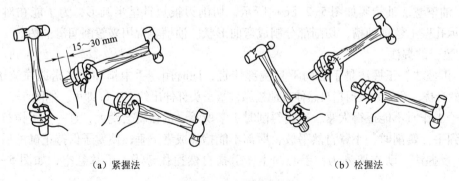

（a）紧握法　　　　　　　　　　　　　　　　　　（b）松握法

图 5-5　手锤的握法

③ 挥锤方法。

挥锤方法有腕挥、肘挥和臂挥三种，如图 5-6 所示。

a）腕挥是指仅依靠手腕的动作来进行锤击，采用紧握法握锤，锤击力较小，一般用于錾削的开始和结尾、錾削余量较小及錾槽等场合，如图 5-6 （a）所示。

　　b）肘挥是指利用手腕与肘部一起挥动来进行锤击，采用松握法握锤，因挥动幅度较大，故锤击力也较大，应用最广，在本任务中统一练习，如图 5-6 （b）所示。

　　c）臂挥是指利用手腕、肘部和臂部一起挥动来进行锤击，锤击力最大，用于大力錾削的场合，如图 5-6 （c）所示。

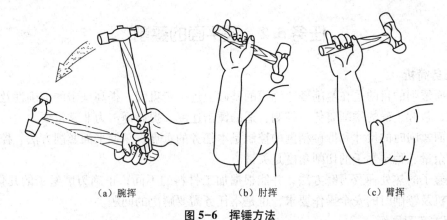

（a）腕挥　　　　　（b）肘挥　　　　　（c）臂挥

图 5-6　挥锤方法

2）錾削姿势及要领

（1）站立姿势

操作者两脚互成一定角度，左脚跨前大约半步，膝盖处略有弯曲保持自然，右脚站稳伸直，不要过于用力，重心偏向于右脚。如图 5-7 所示，身体与操作台上的台虎钳中心线大致成 45°角。眼睛注视錾削部位，便于观察錾削情况。左手紧握錾子，保证錾子与工件正确的錾削角度。右手挥锤，保证锤头沿弧线方向敲击錾子。

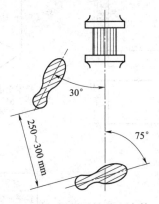

图 5-7　錾削时的站立姿势

錾削时的锤击要稳、准、狠，动作要有节奏地进行，不能太快或者太慢，一般肘挥约 40 次/min，腕挥约 50 次/min。

（2）安全操作规程

① 台阶铁在台虎钳中必须夹紧，伸出高度一般以高出钳口 10～15 mm 为宜，同时下方要垫上衬木。

② 操作中若发现手锤木柄有松动或损坏时，应立即装牢或更换；手柄上不应沾有油，以防止錾削时手锤滑出。

③ 当发现錾子头部有明显的毛刺时，应该及时磨去。

④ 手锤应放置在台虎钳的右边，柄部不可露在钳台外面，以免掉下伤脚。錾子应放在台虎钳左边，方便取用。

任务 5.2　狭平面的錾削

1. 任务简析

狭平面錾削的目的是在錾削姿势练习的基础上进一步巩固、提高锤击的准确性及锤击力量。因此，掌握正确的錾削姿势、控制合适的锤击速度、提高锤击力非常重要。

狭平面錾削时的尺寸和形位精度的控制是本任务的重点，掌握平面錾削方法、控制粗錾时的錾削余量、稳定錾子的切削角度是关键。

掌握錾子的热处理及刃磨方法，并能根据加工材料的不同，正确刃磨錾子的几何角度；掌握砂轮机及錾削时的安全操作要求，也是本任务需要解决的问题。

2. 相关实习图纸

狭平面錾削练习图如图 5-8 所示。

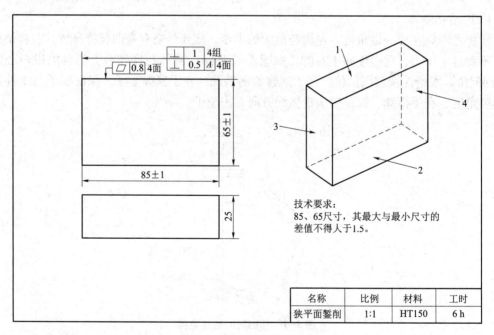

图 5-8　狭平面錾削练习图

3. 准备工作

1）材料准备

转自任务 5.1。

2）工具准备

阔錾两把，锤头、垫木等。

3）量具准备

钢皮尺、角尺等。

4）实训准备

领用并清点工量具，了解工量具的使用方法及要求。实训结束时，按工量具清单清点后交指导教师验收。复习有关理论知识，详细阅读实训指导书。

4. 相关工艺和原理

1）錾子的刃磨及热处理

（1）錾子的切削部分及几何角度

錾子的切削部分及几何角度如图 5-9 所示。

① 楔角（β_0）。

前刀面与后刀面之间的夹角称为楔角。楔角的大小由刃磨形成，它决定了切削部分的强度及切削阻力的大小。楔角越大，切削部分的强度越高，但切削阻力越大。因此，楔角大小的选择，应在满足强度的前提下，尽量选较小的角度。

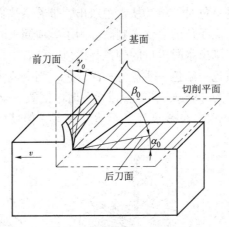

图 5-9 錾削时的几何角度

一般情况下，根据材料的软硬来选择楔角，錾硬材料时楔角取大些，而錾软材料时楔角取小些，具体选择参考表 5-1。

表 5-1 楔角大小的选择

材　　　料	楔　　角
硬钢或铸铁等硬材料	60°～70°
一般钢料和中等硬度材料	50°～60°
铜、铝、低碳钢等软材料	30°～50°

② 后角（α_0）。

后刀面与切削平面之间的夹角称为后角。后角的大小是由錾削时錾子被握的位置决定的，其作用是减少后刀面与切削平面之间的摩擦。后角越大，切削深度越大，切削越困难，甚至会损坏錾子的切削部分；后角越小，錾子越不易切入材料，容易从工件表面滑出。一般后角取 5°～8°。

③ 前角（γ_0）。

前刀面与基面之间的夹角称为前角。前角的作用是减小切屑的变形，使切削轻快。前角越大，切削越省力，切屑变形越小。由于 $\gamma_0 = 90° - (\alpha_0 + \beta_0)$，因此当楔角与后角确定之后，前角的大小也就确定下来了。

（2）錾子的热处理

錾子的热处理包括淬火和回火两个过程，如图5-10所示，其目的是保证錾子切削部分具有较高的硬度和一定的韧性。

① 淬火。

将錾子切削部分约20 mm长的一端均匀加热到呈暗樱红色（750～780 ℃）时，迅速取出錾子并将其浸入水中冷却。浸入深度5～6 mm，即完成淬火。为了加速冷却，錾子可在水中缓缓移动，由于移动时水面会产生一些波动，可使錾子上津硬与不津硬的界线不十分明显，否则容易在分界处发生断裂。

② 回火。

当錾子露出水面部分呈黑色时，将其从水中取出，带着余热进行回火，以提高錾子的韧性。回火的温度可从錾子表面颜色的变化来判断。为了看清回火时的温度变化，从水中取出錾子后应迅速擦去氧化皮。刚出水时刃口的颜色是白色，随着刃口的温度逐渐上升，颜色也按以下规律变化：白色—黄色—红色—浅蓝色—深蓝色。当变成黄色时，把錾子全部浸入水中冷却，这种回火的程度称为"黄火"；当变成蓝色时，把錾子全部浸入水中冷却，这种回火的程度称为"蓝火"。"黄火"的硬度比"蓝火"高些，但韧性差，"蓝火"的硬度比较适中，故采用较多。

（a）浸入水中冷却　　　　　（b）在水中移动　　　　（c）从水中取出

图5-10　錾子的热处理

錾子热处理过程中较难掌握的是按颜色来判断温度，尤其是回火时的颜色不易看清，时间又短，故必须认真地观察和不断实践，才能逐渐掌握。

（3）扁錾的刃磨

① 刃磨要求。

錾子切削部分的形状和角度直接影响錾削的质量和工作效率，所以应按正确的形状刃磨，切削刃要与錾子的几何中心线垂直，且应在錾子的对称平面上，切削刃要锋利。为此，錾子的前刀面和后刀面必须磨得光滑平整，必要时，在砂轮机上刃磨后再在油石上精磨，可使切削刃既锋利又不易被磨损，因为此时切削刃的单位负荷减小了。

② 刃磨方法。

如图5-11所示，双手握持錾子，在砂轮的轮缘上进行刃磨。刃磨时必须使切削刃略高于砂轮中心，并在砂轮全宽上左右移动，一定要控制好錾子的位置、方向，以保证所磨楔角符合使用要求。前后两面交替刃磨，要求对称。加在鏨子上的压力不宜过大，左右移动时要平稳、均匀，并经常蘸水冷却，防止退火。检查楔角是否符合要求时，可采用样板检查或用目测判断。

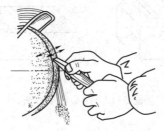

图 5-11　鏨子的刃磨

2）狭平面鏨削方法

（1）起鏨方法

鏨削时的起鏨方法有斜角起鏨和正面起鏨两种，如图 5-12 所示。平面鏨削时，应采用斜角起鏨方法，即先从工件的边缘狭角处将鏨子放成一负角，鏨出一个斜面，然后轻轻起鏨，因狭角处与切削刃的接触面小，阻力小，易切入，能较好地控制余量，而不会产生滑移、弹跳现象。起鏨后，按正常的鏨削角度逐步向中间鏨削，使切削刃的全宽参加切削。鏨槽时，应采用正面起鏨方法，即起鏨时将鏨子切削刃抵紧起鏨部位，鏨子头部向下倾斜成一负角，鏨出一个斜面，然后再按正常角度进行鏨削。

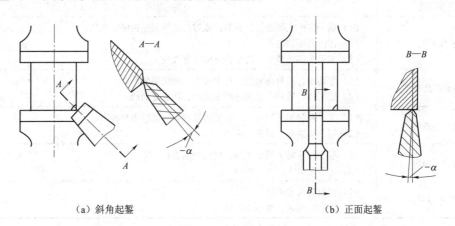

（a）斜角起鏨　　　　　　　　　　　　　　　　　（b）正面起鏨

图 5-12　起鏨方法

（2）鏨削动作

平面鏨削时的切削角度，应使后角保持在 5°~8° 之间。后角过大，鏨子易向工件深处扎入，鏨削费力，不易鏨平；后角过小，鏨子容易滑出鏨削部位。每次鏨削余量为 0.5~2.0 mm。

鏨削过程中，一般每鏨削两三次便将鏨子退回一些，做一次短暂的停顿，然后再将刃口抵住鏨削处继续鏨削。这样既可随时观察鏨削表面的平鏨情况，又可使手臂肌肉有节奏地得到放松。

当鏨削接近尽头 10~15 mm 时，必须调头鏨削，如图 5-13 所示，防止工件边缘材料崩裂，造成废品，尤其是鏨削铸铁、青铜等脆性材料时更应如此。

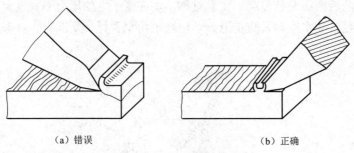

(a) 错误   (b) 正确

图 5-13　尽头錾削方法

(3) 安全操作要求

① 工件必须夹紧，伸出钳口高度一般在 10~15 mm 为宜，同时下面垫上衬木。

② 錾削时可戴好防护眼镜，前面要有防护网，防止切屑飞出伤人。

③ 錾屑不能用手擦或用嘴吹，要用刷子刷，防止铁屑伤手。

④ 切削刃用钝后要及时刃磨锋利，并保持正确的楔角，防止錾子在錾削部位滑出伤手。

⑤ 錾子头部有毛刺时，要及时磨去。

3) 錾平面时常见的质量问题及产生原因

錾平面时常见的质量问题及产生原因见表 5-2。

表 5-2　錾平面时常见的质量问题及产生原因

质量问题	产生原因
表面粗糙	(1) 錾子淬火太硬致刃口崩裂；或刃口已钝但还在继续使用； (2) 锤击力不均匀； (3) 錾子头部已锤平，使受力方向经常改变
錾削面凹凸不平	(1) 錾削中，后角在錾削过程中过大，造成錾面凹； (2) 錾削中，后角在錾削过程中过小，造成錾面凸
表面有梗痕	(1) 左手未将錾子挡稳，而使錾刃倾斜，錾削时刃角梗入； (2) 錾子刃磨时刃口磨成中凹
崩裂或塌角	(1) 錾到尽头时未调头錾削，使棱角崩裂； (2) 起錾量太大，造成塌角
尺寸超差	(1) 起錾时尺寸不准； (2) 錾削时测量、检查不及时

任务 5.3　直槽的錾削

1. 任务简析

直槽錾削中，槽宽 $8^{+0.5}_{0}$ mm，主要通过狭錾的刃宽尺寸来保证，因此狭錾的正确刃磨对槽宽非常重要。

直槽槽侧、槽底直线度的保证，与第一遍起錾及锤击力的轻重一致有较大的关系，掌握正确的直槽錾削方法是本任务练习的重点。

通过练习，应掌握直槽錾削中产生废品的原因及防止方法。

2. 相关实习图纸

直槽錾削练习图如图 5-14 所示。

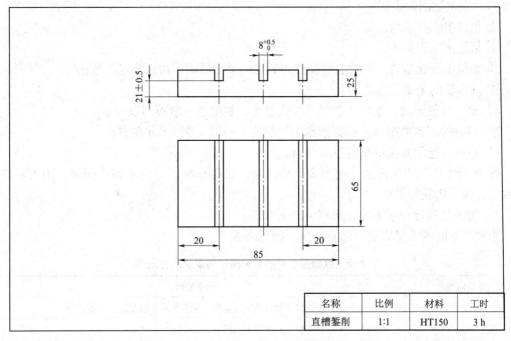

名称	比例	材料	工时
直槽錾削	1:1	HT150	3 h

图 5-14 直槽錾削练习图

3. 准备工作

1) 材料准备

转自任务 5.2。

2) 工具准备

狭錾两把，锤头、垫木等。

3) 量具准备

钢皮尺。

4) 实训准备

领用并清点工量具，了解工量具的使用方法及要求。实训结束时，按工量具清单清点后交指导教师验收。复习有关理论知识，详细阅读实训指导书。

4. 相关工艺和原理

1) 狭錾的刃磨

狭錾的刃磨方法与扁錾相似，需要注意的是，狭錾的切削刃宽度由槽宽决定，一般要求刃口宽度小于加工槽宽 0.1~0.2 mm，两个侧面间的宽度应从切削刃起向柄部逐渐变窄，錾槽时能形成 3°~10° 的副偏角，以免錾子被卡住，同时保证槽的侧面平整。刃口必须平直，不可倾斜。

2) 直槽錾削方法

(1) 直槽的用途

① 作键槽。

② 作为錾削大平面时的工艺直槽。錾削大平面时，先用狭錾以适当的间隔錾出工艺直槽，然后再用扁錾将槽间凸起部分錾平。这样既便于控制錾削尺寸，又可使錾削省力。

（2）直槽錾削的步骤

① 根据图纸要求划出加工线。

② 根据槽宽刃磨狭錾。

③ 采用正面起錾法，先对准划线槽先錾出一个小斜面，再逐步进行錾削。

④ 确定錾削余量，方法如下：

a）第一遍錾削时，根据所划线条将槽錾直，錾削量一般不超过 0.5 mm；

b）以后的每次錾削量应根据槽深不同而定，一般是在 1 mm 左右；

c）最后一遍的修正量不超过 0.5 mm。

⑤ 挥锤方法采用腕挥法，用力大小要适当，以防止錾子刃端崩裂；同时，用力轻重应一致，以保证槽底的平整。

3）直槽錾削时的常见质量问题及产生原因

直槽錾削时的常见质量问题及产生原因见表 5-3。

表 5-3   直槽錾削时的常见质量问题及产生原因

质量问题	产生原因
槽不直	錾子未放正；没有按所划线条进行錾削；调头錾时未錾在同一直线上
槽底高低不平	錾削时錾子后角不稳定，或锤击力轻重不一
槽底倾斜	狭錾刃口倾斜或錾子斜面錾削
槽口喇叭口	狭錾刃口两端已钝或已碎裂但仍使用；在同一条直槽上錾削，狭錾刃磨次数多而使刃口宽度缩小
槽向一面斜	每次起錾位置向一面偏移
与基面不平行	第一遍錾削时方向不稳；没按照划线进行
槽口爆裂	第一遍錾削时錾削量过多

项目 6 加 工 孔

任务 6.1 钻 孔

1. 任务简析

钻孔是钳工重要的操作之一，通过钻孔练习要达到以下要求：熟悉钻床的性能、使用方法及钻孔时工件的装夹方法；掌握标准麻花钻的刃磨方法；掌握划线钻孔方法，并能达到一定的精度；能正确分析钻孔时出现的问题，做到安全文明操作。

2. 相关实习图纸

钻孔练习图如图 6-1 所示。

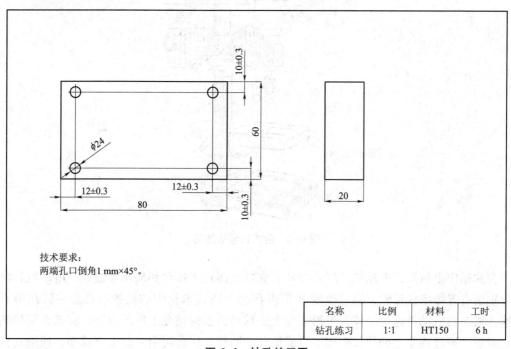

技术要求：
两端孔口倒角 1 mm×45°。

名称	比例	材料	工时
钻孔练习	1:1	HT150	6 h

图 6-1 钻孔练习图

3. 准备工作

1）材料准备

转自任务 5.2。

2）工具、刃具准备

长柄刷，φ7 mm、φ12 mm 钻头，90°倒角钻等。

3）量具准备

钢皮尺、游标卡尺、高度划线尺等。

4）实训准备

领用工量具并清点，了解工量具的使用方法及要求。实训结束后，按照工量具清单清点，完毕后交指导教师验收。复习有关理论知识，详细阅读实训指导说明书。

4. 相关工艺和原理

用钻头在实体材料上加工孔的方法叫钻孔。由于钻孔时钻头处于半封闭状态，转速高，切削量大，排屑又很困难，因此钻孔时的加工精度不高，一般为 IT10～IT11 级，表面粗糙度一般为 $Ra50～Ra12.5$，常用于加工要求不高的孔或进行孔的粗加工。

1）常用钻床

常用钻床有台式钻床、立式钻床和摇臂钻床 3 种。

（1）台式钻床

台式钻床简称台钻，是一种安放在作业台上、主轴垂直布置的小型钻床，最大钻孔直径为 13 mm，结构如图 6-2 所示。

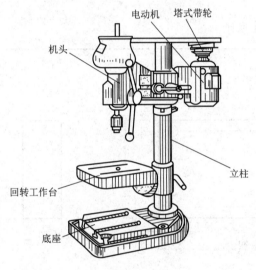

图 6-2 台式钻床的结构

台式钻床由机头、电动机、塔式带轮、立柱、回转工作台和底座等组成。电动机和机头上分别装有五级塔式带轮，通过改变 V 形带在两个塔式带轮中的位置，可使主轴获得五种转速。机头与电动机连为一体，可沿立柱上下移动，根据钻孔工件的高度，将机头调整到适当位置后，通过锁紧手柄使机头固定方能钻孔。回转工作台可沿立柱上下移动，或绕立柱轴线做水平转动，也可在水平面内做一定角度的转动，以便钻斜孔时使用。在较大或较重的工件上钻孔时，可将回转工作台转到一侧，直接将工件放在底座上，底座上有两条 T 形槽，用来装夹工件或固定夹具。在底座的四个角上有安装孔，用螺栓将其固定。

（2）立式钻床

立式钻床简称立钻，其结构如图 6-3 所示。主轴箱和工作台安置在主轴上，主轴垂直布置。立钻的刚性好，强度高，功率较大，最大钻孔直径有 25 mm、35 mm、40 mm 和 50 mm 等几种。立钻可用来进行钻孔、扩孔、镗孔、铰孔、攻螺纹和锪端面等。

立式钻床由主轴箱、电动机、主轴、工作台和底座等主要部分组成。电动机通过主轴变速箱驱动主轴旋转，改变变速手柄位置，可使主轴得到多种转速。通过进给箱，可使主轴得到多种机动进给速度，转动手柄可以实现手动进给速度。工作台上有 T 形槽，用来装夹工件或夹具。工作台能沿立柱导轨上下移动，可根据工件的高度适当地调整工作台位置，然后通过压板、螺栓将其固定在立柱导轨上。底座用来安装和固定立式钻床，并设有油箱，为孔加工提供切削液，以保证较高的生产效率和孔的加工质量。

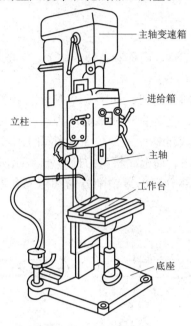

主轴变速箱

进给箱

立柱

主轴

工作台

底座

图 6-3　立式钻床的结构

（3）摇臂钻床

摇臂钻床用来对大中型工件在同一平面内、不同位置的多孔系进行钻孔、扩孔、锪孔、镗孔、铰孔、攻螺纹和锪端面等，其结构如图 6-4 所示。

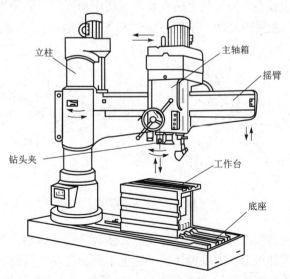

立柱

主轴箱

摇臂

钻头夹

工作台

底座

图 6-4　摇臂钻床的结构

摇臂钻床主要由摇臂、立柱、主轴箱、工作台、底座等部分组成。主轴箱能在摇臂上左右移动，以加工同一平面上、相互平行的孔系。摇臂在升降电机驱动下能沿立柱轴线任意升降，操作者可手拉摇臂绕立柱做360°任意旋转，根据工作台的位置，将其固定在适当角度。工作台面上有多条T形槽，用来安装中小型工件或钻床夹具。大型工件加工时，可将工作台移开，将工件直接安放在底座上加工，必要时可通过底座上的T形槽螺栓将工件固定，然后进行加工。

2）标准麻花钻

标准麻花钻是钻孔常用的工具，简称麻花钻或钻头，一般用高速钢制成。

（1）钻头的结构

钻头由柄部、颈部和工作部分组成，如图6-5所示。柄部是钻头的夹持部分，用来传递钻孔时所需的转矩和轴向力，它有直柄和锥柄两种。一般直径小于13 mm的钻头做成直柄，直径大于13 mm的钻头做成锥柄。颈部位于柄部和工作部分之间，用于磨制钻头外圆时供砂轮退刀用，也是钻头规格、商标、材料的打印处。工作部分由切削部分和导向部分组成，是钻头的主要部分。导向部分起引导钻削方向和修光孔壁的作用，是切削部分的备用部分。

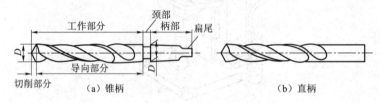

图6-5　钻头的结构

（2）钻头的刃磨与修磨

① 钻头的刃磨。

钻头的刃磨直接关系到钻头切削能力的优劣、钻孔精度的高低、表面粗糙度值的大小等。因此，当钻头磨钝或在不同材料上钻孔要改变切削角度时，必须进行刃磨。一般钻头采用手工方法进行刃磨，主要刃磨两个主后刀面（两条主切削刃），如图6-6所示。

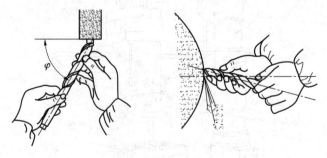

图6-6　钻头的刃磨

刃磨时，右手握住钻头的头部作为定位支点，使其绕轴线转动，使钻头的整个后刀面都能被磨到，并对砂轮施加压力；左手握住柄部做上下弧形摆动，使钻头磨出正确的后角。刃磨时，钻头轴心线与砂轮圆柱母线在水平面内的夹角约等于钻头顶角2φ的1/2，两手动作的配合要协调、自然。由于钻头的后角在不同半径处是不等的，所以摆动角度的大小也要随后角的大小而变化。为防止在刃磨主切削刃时另一刀瓣的刀尖被碰坏，一般采用前刀面向下的刃磨方法。

在刃磨过程中，要随时检查角度的正确性和对称性。刃磨刃口时磨削量要小，随时将钻头浸入水中冷却，以防切削部分过热而退火。

主切削刃刃磨后，一般采用目测的方法进行检查，主要做以下几方面的检查：

a）检查顶角的大小是否正确（118°±2°），两主切削刃是否对称、长度是否一致。检查时，将钻头竖直向上放置，两眼平视主切削刃。为避免视差，应将钻头旋转 180°后反复观察，若结果一样，说明对称。

b）检查主切削刃外缘处的后角是否达到要求的数值（8°～14°）。

c）检查主切削刃近钻心处的后角是否达到要求的数值（50°～55°），可以通过检查横刃斜角是否正确来确定。

② 钻头的修磨。

针对标准麻花钻存在的一些缺点，为适应不同的钻削材料，满足不同的钻削要求，通常对钻头的切削部分进行修磨，以改善切削性能。标准麻花钻的修磨方法如图 6-7 所示。

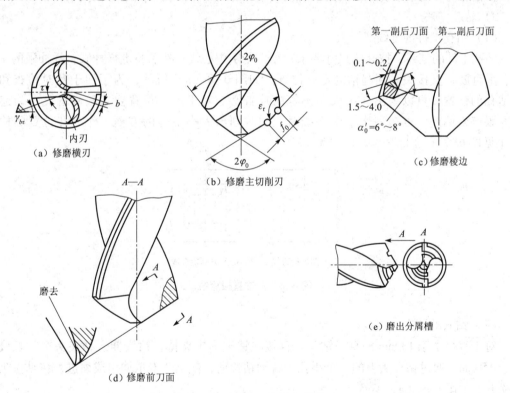

图 6-7 标准麻花钻的修磨

a）修磨横刃。

如图 6-7（a）所示，修磨横刃主要是把横刃磨短，以增大横刃处的前角。

修磨后的横刃长度为原来长度的 1/5～1/3，以减少轴向阻力，避免挤刮现象，提高钻头的定心作用和切削稳定性，一般 5 mm 以上的钻头都要修磨横刃。钻头修磨后形成内刃，

内刃斜角 $\tau = 20° \sim 30°$，内刃处前角 $\gamma_{br} = 0° \sim 15°$。

b）修磨主切削刃。

如图 6-7（b）所示，修磨主切削刃主要是磨出第二顶角 $2\varphi_0$，即在外缘处磨出过渡刃，以增加主切削刃的总长度，增大刀尖角 ε_r，从而增加刀齿强度，改善散热条件，提高切削刃与棱边交角处的抗磨性，延长钻头使用寿命，减少孔壁表面粗糙度。一般 $2\varphi_0 = 70° \sim 75°$，$f_0 = 0.2$。

c）修磨棱边。

如图 6-7（c）所示，在靠近主切削刃的一段棱边上，磨出副后角 $\alpha'_0 = 6° \sim 8°$，棱边宽度为原来的 1/3～1/2，以减少棱边对孔壁的摩擦，提高钻头的使用寿命。

d）修磨前刀面。

如图 6-7（d）所示，将主切削刃和副切削刃的交角处的前刀面磨去一块，以减少此处的前角，在钻削硬材料时可提高刀齿强度，在钻削黄铜时可避免切削刃过于锋利而引起轧刀现象。

e）磨出分屑槽。

直径大于 15 mm 的钻头都可磨出分屑槽。如图 6-7（e）所示，在两个后刀面上磨出几条相互错开的分屑槽，使原来的宽切屑槽变窄，有利于排屑，尤其适合钻削钢料。

3）钻孔方法

（1）钻孔工件的划线

钻孔工件的划线，按孔的尺寸要求，划出十字中心线，然后打上样冲眼，样冲眼的正确性、垂直度，直接关系到起钻的定心位置。如图 6-8（a）所示，为了便于及时检查和校正钻孔的位置，可以划出几个大小不等的检查圆。对于尺寸位置要求较高的孔，为避免样冲眼产生偏差，可在划十字中心线时，同时划出大小不等的方框，作为孔位置的检查线［见图 6-8（b）］。

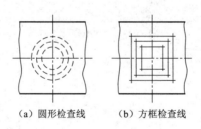

（a）圆形检查线   （b）方框检查线

图 6-8　孔位置检查线

（2）钻头的装夹

对于直径小于 13 mm 的直柄钻头，直接在钻夹头中夹持，钻头伸入钻夹头中的长度不小于 15 mm，通过钻夹头上的三个小孔来转动钻钥匙，使三个卡爪伸出或缩进，将钻头夹紧或松开，如图 6-9（a）所示。

对于 13 mm 以上的锥柄钻头，用柄部的莫氏锥体直接与钻床主轴相连。较小的钻头不能直接与钻床主轴的内莫氏锥度相配合，须选用相应的钻套［见图 6-9（b）］与其连接起来才能钻孔。每个钻套上端有一扁尾，套筒内腔和主轴锥孔上端均有一扁槽，装钻头时将钻头或钻套的扁尾沿锥孔方向装入扁槽中，以传递转矩，使钻头顺利切削。拆钻头时将楔铁敲入套筒或主轴锥孔的扁槽内，利用楔铁斜面的向下分力，使钻头与套筒或主轴分离，如

图6-9（c）所示。

在装夹钻头前，钻头、钻套、主轴必须分别擦干净，连接要牢固，必要时可用木块垫在钻床工作台上，摇动钻床手柄，使钻头向木块冲击几次，即可将钻头装夹牢固。严禁用手锤等硬物敲击钻头。钻头装好后应使径向跳动尽量小。

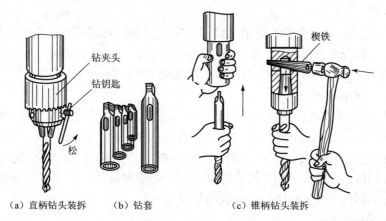

（a）直柄钻头装拆　　（b）钻套　　（c）锥柄钻头装拆

图6-9　钻头的装拆

（3）工件的夹持

钻孔时，工件的装夹方法应根据钻孔直径的大小及工件的形状来决定，具体如图6-10所示。

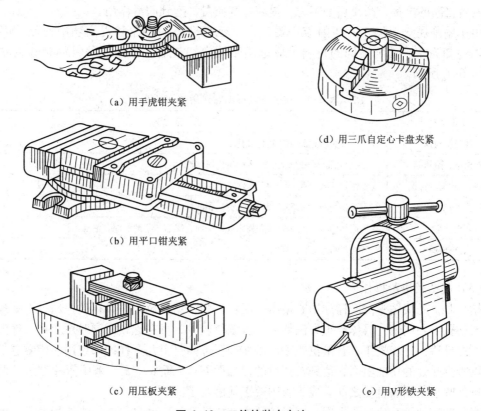

（a）用手虎钳夹紧

（d）用三爪自定心卡盘夹紧

（b）用平口钳夹紧

（c）用压板夹紧

（e）用V形铁夹紧

图6-10　工件的装夹方法

① 用手虎钳夹紧。在小型工件、板上钻小孔或不能用手握住工件钻孔时，必须将工件放置在定位块上，用手虎钳夹持工件来钻孔，如图 6-10（a）所示。

② 用平口钳夹紧。钻孔直径超过 8 mm 且在表面平整的工件上钻孔时，可用平口钳来装夹，如图 6-10（b）所示。装夹时，工件应放置在垫铁上，防止钻坏平口钳，工件表面与钻头要保持垂直。

③ 用压板夹紧。钻大孔或不便用平口钳夹紧的工件，可用压板、螺栓、垫铁直接将工件固定在钻床工作台上进行钻孔，如图 6-10（c）所示。

④ 用三爪自定心卡盘夹紧。在圆柱形工件端面上钻孔时，用三爪自定心卡盘夹紧工件，如图 6-10（d）所示。

⑤ 用 V 形铁夹紧。在圆柱形工件上钻孔时，可用带夹紧装置的 V 形铁夹紧，也可将工件放在 V 形铁上并配以压板压牢，以防止工件在钻孔时转动，如图 6-10（e）所示。

在钻削直径小于 8 mm 的孔，且工件又可用手握牢时，可用手拿住工件钻孔，但工件上锋利的边角要倒钝，当孔快要钻穿时要特别小心，进给量要小，以防发生事故。除此之外，还可采用其他不同的装夹方法来保证钻孔质量和安全。

（4）切削液的选择

在钻削过程中，由于钻头工件于半封闭状态，钻头与工件的摩擦和切屑的变形等均可产生大量的切削热，会严重降低钻头的切削能力，甚至引起钻头的退火。为了提高生产效率，延长钻头的使用寿命，保证钻孔质量，钻孔时要注入充足的切削液。一方面，切削液有利于切削热的传导，能起到冷却的作用；另一方面，切削液流入钻头与工件的切削部位，有利于减少两者之间的摩擦，减小切削阻力，提高孔壁质量，起到润滑作用。

由于钻削属于粗加工，切削液主要是为了延长钻头的寿命和提高切削性能，因此其作用以冷却为主。钻削不同的材料，应选用不同的切削液，钻削各种材料时选用的切削液如表 6-1 所示。

表 6-1　钻削各种材料时选用的切削液

工件材料	切　削　液
各类结构钢	3%～5%乳化液，7%硫化乳化液
不锈钢、耐热钢	3%肥皂加 2%亚麻油水溶液，硫化切削液
纯铜、黄铜、青铜	不用切削液，或 5%～8%乳化液
铸铁	不用切削液，或 5%～8%乳化液，煤油
铝合金	不用切削液，或 5%～8%乳化液，煤油，煤油与菜油的混合油
有机玻璃	5%～8%乳化液，煤油

（5）起钻及进给操作

钻孔时，先使钻头对准样冲中心钻出一浅坑，观察钻孔位置是否正确，通过不断校正使浅坑与钻孔中心同轴，具体校正方法如下：若偏位较少，可在起钻的同时用力将工件向偏位的反方向推移，逐步校正；若偏位较多，可在校正方向打上几个样冲眼或用油槽錾錾出几条槽，以减少此处的切削阻力，达到校正目的，如图 6-11 所示。无论采用何种方法，都必须在浅坑外圆小于钻头直径之前完成，否则校正就困难了。

当起钻达到钻孔位置要求后，即可按要求完成钻孔。手动进给时，进给用力不应使钻头产生弯曲，以免钻孔轴线歪斜（见图6-12）。当孔将要钻穿时，必须减少进给量，如果是采用自动进给，此时最好改为手动进给。因为当钻尖将要钻穿工件材料时，轴向阻力突然减小，由于钻床进给机构的间隙和弹性变形的恢复，将使钻头以很大的进给量自动切入，以致钻头折断或钻孔质量下降。

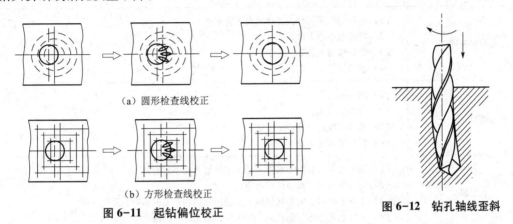

（a）圆形检查线校正

（b）方形检查线校正

图6-11 起钻偏位校正　　　　图6-12 钻孔轴线歪斜

钻盲孔时，可按钻孔深度调整挡块，并通过测量实际尺寸来检查钻孔的深度是否达到要求。钻深孔时，钻头要经常退出排屑，防止钻头因切屑堵塞而扭断。直径超过30 mm的大孔，可分两次钻削，先用0.5～0.7倍孔径的钻头钻孔，再用所需孔径的钻头扩孔，这样可以减少轴向力，保护机床，同时又可提高钻孔质量。

4）钻孔的安全知识

①钻孔前检查钻床的润滑性、调速是否良好，工作台面清洁干净，不准放置刀具、量具等物品。

②操作钻床时不可戴手套，袖口必须扎紧，女生戴好工作帽。

③工件必须牢固夹紧。

④开动钻床前，应检查钻钥匙或楔铁是否插在钻轴上。

⑤操作者的头部不能太靠近旋转的钻床主轴，停止钻孔时应让主轴自然停下来，不能用手刹住，也不能反转制动。

⑥钻孔时不能用手和棉纱擦掉切屑，也不能用嘴吹来清除切屑，必须用刷子清除切屑。长切屑或切屑绕在钻头上时，要用钩子钩去切屑，或停车清除切屑。

⑦严禁在开车状态下装拆工件，检验工件和变速须在停车状态下完成。

⑧清洁钻床或加注润滑油时，必须切断电源。

5）钻孔时常见的废品形式及产生原因

钻孔时常见的废品形式及产生原因如表6-2所示。

表6-2 钻孔时常见的废品形式及产生原因

废品形式	产生原因
孔径大于规定尺寸	（1）钻头两主切削刃长短不等，高度不一致； （2）钻头主轴摆动或工作台未锁紧； （3）钻头弯曲或在钻夹头中未装好，引起摆动

废品形式	产生原因
孔呈多棱形	（1）钻头后角太大； （2）钻头两主切削刃长短不等、角度不对称
孔位置偏移	（1）工件划线不正确或工件装夹不正确； （2）样冲眼中心不准； （3）钻头横刃太长，定心不稳； （4）起钻过偏但没有纠正
孔壁粗糙	（1）钻头不锋利； （2）进给量太大； （3）切削液性能差或供给不足； （4）切屑堵塞螺旋槽
孔歪斜	（1）钻头与工件表面不垂直，钻床主轴与台面不垂直； （2）进给量过大，造成钻头弯曲； （3）工件安装时，安装接触面上的切屑等污物未及时清除； （4）工件装夹不牢，钻孔时产生歪斜，或工件有砂眼
钻头工作部分折断	（1）钻头已钝还在继续钻孔； （2）进给量太大； （3）未经常退屑，使钻头在螺旋槽中阻塞； （4）孔钻穿前未减小进给量； （5）工件未夹紧，钻孔时有松动； （6）钻黄铜等软金属及薄板料时，钻头未修磨； （7）孔已歪斜还在继续钻
切削刃迅速磨损或碎裂	（1）切削速度太高； （2）钻头的刃磨不适应工件材料的硬度； （3）工件有硬块或砂眼； （4）进给量太大； （5）切削液不足

任务 6.2 扩孔和锪孔

1. 任务简析

扩孔、锪孔操作是在钻孔的基础上，对已有孔进行加工的方法。通过本任务的练习，一方面了解扩孔、锪孔的应用，另一方面掌握扩孔、锪孔的方法，并会用标准麻花钻改制刃磨锥形锪钻、平底锪钻。

2. 相关实习图纸

锪孔练习图如图 6-13 所示。

3. 准备工作

1）材料准备

任务 6.1 钻孔练习转下。

2）工具、刃具准备

长柄刷，$\phi7$ mm 的 90° 锥形锪钻（$\phi12$ mm 麻花钻改制），$\phi11$ mm 柱形锪钻（$\phi11$ mm

麻花钻改制）等。

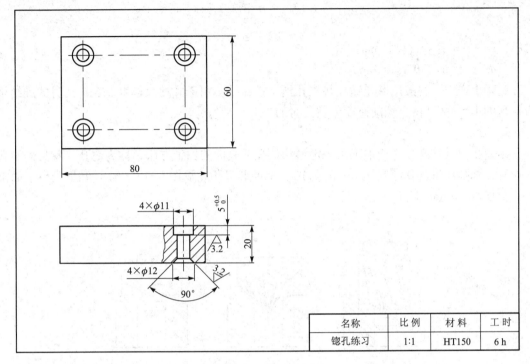

名称	比例	材料	工时
锪孔练习	1:1	HT150	6 h

图 6-13 锪孔练习图

3) 量具准备

钢皮尺、游标卡尺、高度划线尺等。

4) 实训准备

领用工量具并清点，了解工量具的使用方法及要求。实训结束时，按照工量具清单清点，完毕后交指导教师验收。复习有关理论知识，详细阅读实训指导说明书。

4. 相关工艺和原理

1) 扩孔

扩孔是用扩孔钻对工件上已有的孔进行扩大加工，如图 6-14 所示。扩孔可以作为孔的最终加工，也可作为铰孔、磨孔前的预加工工序。扩孔后，孔的尺寸精度可达到 IT9～IT10，表面粗糙度可达到 $Ra12.5～Ra3.2$。

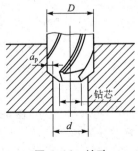

图 6-14 扩孔

扩孔时的切削深度 a_p 按下式计算：

$$a_p = \frac{D-d}{2}$$

式中，D——扩孔后直径，mm；

$\quad\quad d$——预加工孔直径，mm。

实际生产中，一般用麻花钻代替扩孔钻，扩孔钻多用于成批大量生产。扩孔时的进给量为钻孔的 1.5~2.0 倍，切削速度为钻孔时的 1/2。

2）锪孔

用锪孔刀具在孔口表面加工出一定形状的孔或表面的加工方法，称为锪孔。常见的锪孔形式有：锪圆柱形沉孔［见图 6-15（a）］、锪锥形沉孔［见图 6-15（b）］和锪凸台平面沉孔［见图 6-15（c）］。

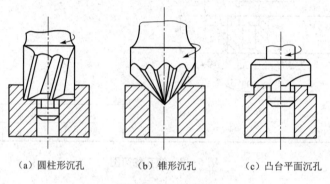

（a）圆柱形沉孔　　　　（b）锥形沉孔　　　　（c）凸台平面沉孔

图 6-15　锪孔形式

（1）锪锥形埋头孔

按图纸锥角要求选用锥形锪孔钻，锪孔深度一般控制在埋头螺钉装入后低于工件表面约 0.5 mm，加工表面无振痕。

使用专用锥形锪钻（见图 6-16）或用麻花钻刃磨改制成锥形锪钻（见图 6-17）。

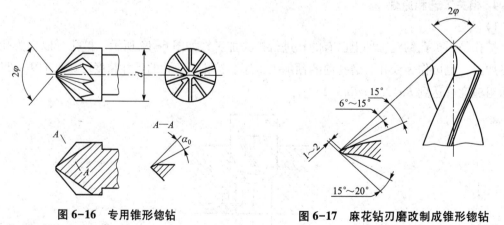

图 6-16　专用锥形锪钻　　　　图 6-17　麻花钻刃磨改制成锥形锪钻

（2）锪柱形埋头孔

使用麻花钻刃磨改制的柱形钻头（见图 6-18）锪孔。柱形埋头孔要求底面平整，且与底孔轴线垂直，加工表面无振痕。使用麻花钻改制的柱形锪钻，在"4×ϕ11"中各孔的一端面锪出 4×ϕ11 柱形埋头孔，达到图纸要求，锪柱形埋头孔方法如图 6-19 所示。

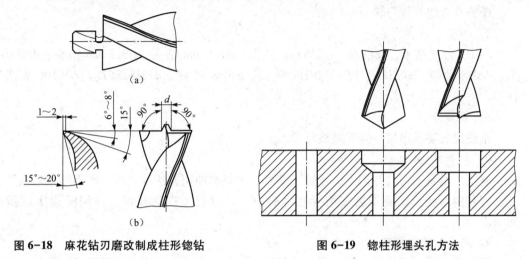

图6-18 麻花钻刃磨改制成柱形锪钻　　　　　图6-19 锪柱形埋头孔方法

任务6.3 铰　孔

1. 任务简析

铰孔是孔的精加工操作，铰孔方法的正确与否，直接影响铰孔质量。通过本任务练习，了解铰刀的种类和应用，掌握手铰方法，并能正确选用切削用量和切削液，同时能正确分析产生铰孔质量问题的原因及防止方法。

2. 相关实习图纸

铰孔练习图如图 6-20 所示。

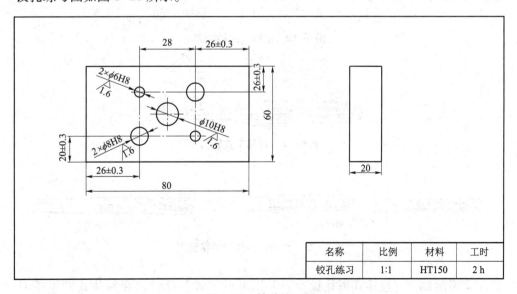

名称	比例	材料	工时
铰孔练习	1:1	HT150	2 h

图6-20 铰孔练习图

3. 准备工作

1）材料准备

任务 6.2 锪孔练习转下。

2）工具、刃具准备

Z4012 台式钻床、长柄刷、φ5.8 mm 钻头、φ7.8 mm 钻头、φ9.8 mm 钻头、φ12 mm 钻头、φ6H8 手铰、φ8H8 手铰、φ10H8 手铰、φ6H8 塞规、φ8H8 塞规、φ10H8 塞规、铰杠等。

3）量具准备

钢皮尺、游标卡尺、高度划线尺等。

4）实训准备

领用工量具、刃具并清点，了解工量具、刃具的使用方法及要求。实训结束后按照工量具、刃具清单清点，完毕后交指导教师验收。复习有关理论知识，详细阅读实训指导说明书。

4. 相关工艺和原理

铰孔是用铰刀对已经粗加工的孔进行精加工的一种方法。由于铰刀的刀齿数量多，切削余量小，导向性好，因此切削阻力小，加工精度高，一般可达到 IT7～IT9 级，表面粗糙度可达到 $Ra3.2～Ra0.8$，甚至更小。

1）铰刀的种类

铰刀的种类很多，按使用方式可分为手用铰刀［见图 6-21（a）］和机用铰刀［见图 6-21（b）］两种；按铰刀结构可分为整体式铰刀和可调节式铰刀两种（可调节式铰刀见图 6-22）；按切削材料可分为高速钢铰刀和硬质合金铰刀两种；按铰刀用途可分为圆柱铰刀和圆锥铰刀两种；按齿槽形式可分为直槽铰刀和螺旋槽铰刀两种（见图 6-23）。

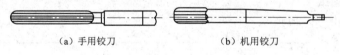

（a）手用铰刀　　　　　　　　（b）机用铰刀

图 6-21　整体式圆柱铰刀

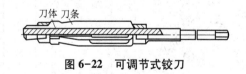

刀体 刀条

图 6-22　可调节式铰刀

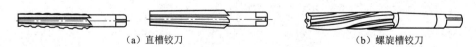

（a）直槽铰刀　　　　　　　　（b）螺旋槽铰刀

图 6-23　直槽铰刀和螺旋槽铰刀

钳工常用的铰刀有整体式圆柱铰刀、手用可调节式圆柱铰刀和整体式圆锥铰刀（整体式圆锥铰刀见图 6-24）。

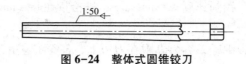

图 6-24 整体式圆锥铰刀

2）铰孔前的准备

（1）铰刀的研磨

新铰刀直径上留有研磨余量，且棱边的表面也较粗糙，所以公差等级为 IT8 级以上的铰孔，使用前须根据工件的扩张量或收缩量对铰刀进行研磨。无论采用哪种研具，研磨方法都相同。研磨时铰刀由机床带动旋转，旋转方向要与铰削方向相反，机床转速一般以 40～60 r/min 为宜。研具套在铰刀的工作部分上，研具的尺寸调整到能在铰刀上自由滑动为宜。研磨时，用于握住研具沿轴向做均匀的往复移动，研磨剂放置要均匀，及时清除铰刀沟槽中研垢，并重新换上研磨剂再研磨，随时检查铰刀的研磨质量。

为了获得理想的铰孔质量，还需要及时用油石对铰刀的切削刃和刀面进行研磨。特别是铰刀使用中磨损最严重的地方（切削部分与校准部分的过渡处），需要用油石仔细地将该处的尖角修磨成圆弧形的过渡刃。铰削中，若发现铰刀刃口有毛刺或积屑，要及时用油石小心地修磨掉。

当铰刀棱边宽度较宽时，可用油石贴着后刀面，与棱边呈 1° 倾斜角，沿切削刃垂直方向轻轻推动，将棱边磨出 1° 左右的小斜面。

（2）铰削用量的确定

铰削用量包括铰削余量、机铰时的切削速度和进给量。合理选择铰削用量，对铰孔过程中的摩擦、切削力、切削热、铰孔质量及铰刀寿命有直接的影响。

① 铰削余量。

铰削余量的选择应考虑到孔径大小、材料软硬、尺寸精度、表面粗糙度、铰刀的类型等因素。如果余量太大，不但孔铰不光，且铰刀易磨损；余量过小，则上道工序残留的变形难以纠正，原有刀痕无法去除，影响铰孔质量。铰削余量的选用，可参考表 6-3。

表 6-3　铰削余量的选择

铰孔直径/mm	<5	5～20	21～32	33～50	51～70
铰削余量/mm	0.1～0.2	0.2～0.3	0.3	0.5	0.8

此外，铰削精度还与上道工序的加工质量有直接的关系，因此还要考虑铰孔的工艺过程。一般铰孔的工艺过程是：钻孔—扩孔—铰孔。对于 IT8 级以上精度、表面粗糙度 $Ra1.6$ 的孔，其工艺过程是：钻孔—扩孔—粗铰—精铰。

② 机铰时的铰削速度和进给量。

机铰时的铰削速度和进给量要选择适当。过大，铰刀容易磨损，也容易产生积屑瘤而影响加工质量；过小，则切削厚度过小，反而很难切下材料，对加工表面形成挤压，使其产生塑性变形和表面硬化，最后导致刀刃撕去大片切屑，增大了表面粗糙度，也加快了铰刀的磨损。

当被加工材料为铸铁时，铰削速度≤10 mm/min，进给量在 0.8 mm/r 左右。

当被加工材料为钢时，铰削速度≤8 mm/min，进给量在0.4 mm/r左右。

（3）切削液的选用

铰削时的切屑一般都很细碎，容易黏附在刀刃上，甚至夹在孔壁与铰刀校准部分的棱边之间，致使已加工的表面拉伤、刮毛，使孔径扩大。另外，铰削时产生热量较大，散热困难，会引起工件和铰刀变形、磨损，影响铰削质量，缩短铰刀寿命。为了及时清除切屑和降低切削温度，必须合理使用切削液。铰孔时的切削液选择见表6-4。

表6-4 铰孔时的切削液选择

工件材料	切 削 液
钢	（1）10%～20%乳化液； （2）铰孔要求较高时，采用30%菜油加70%肥皂水； （3）铰孔要求更高时，可用菜油、柴油、猪油等
铸铁	（1）不用； （2）煤油，但会引起孔径缩小，最大缩小量达0.02～0.04 mm； （3）3%～5%低浓度的乳化液
铜	5%～8%低浓度的乳化液
铝	煤油、松节油

3）铰孔的方法

（1）手用铰刀的铰孔方法

① 工件要夹正、夹紧，尽可能使被铰孔的轴线处于水平或垂直位置。对于薄壁零件，夹紧力不要过大，以免将孔夹扁，铰孔后产生变形。

② 手铰过程中，两手用力要平衡、均匀，防止铰刀偏摆，避免孔口处出现喇叭口或孔径扩大。

③ 铰削进给时不能猛力压铰杠，应一边旋转，一边轻轻加压，使铰刀缓慢、均匀地进给，保证获得较小的表面粗糙度。

④ 铰削过程中，要注意变换铰刀每次停歇的位置，避免在同一处停歇而造成振痕。

⑤ 铰刀不能反转，退出时也要顺转，否则会使切屑卡在孔壁和后刀面之间，将孔壁拉毛，铰刀也容易磨损，甚至崩刃。

⑥ 铰削钢料时，切屑碎末易黏附在刀齿上，应注意经常退刀清除切屑，并添加切削液。

⑦ 铰削过程中，当铰刀被卡住时，为防止铰刀崩刃或折断，不能猛力扳转铰杠，而应及时取出铰刀，清除切屑并检查铰刀。继续铰削时要缓慢进给，防止在原处再次被卡住。

（2）机用铰刀的铰孔方法

使用机用铰刀铰孔时，除注意手铰时的各种要求外，还应注意以下几点：

① 要选择合适的铰削余量、铰削速度和进给量。

② 必须保证钻床主轴、铰刀和工件孔三者之间的同轴要求。对于高精度孔，必要时采用浮动铰刀夹头来装夹铰刀。

③ 开始铰削时，先手动进给，正常切削后改用自动进给。

④ 铰盲孔时，应经常退刀清除切屑，防止切屑拉伤孔壁；铰通孔时，铰刀校准部分不能全部出头，以免将孔口处刮坏，退刀时困难。

⑤ 在铰削过程中，必须注入足够的切削液，以清除切屑，降低切削温度。

⑥ 铰孔完毕，应在退出铰刀后再停车，否则孔壁会拉出刀痕。

4）铰刀损坏的原因及常见废品成因分析

（1）铰刀损坏的原因

铰削时，铰削用量选择不合理、操作不当等都会引起铰刀过早地损坏，铰刀损坏的原因见表6-5。

表6-5　铰刀损坏的原因

铰刀损坏形式	损坏原因
过早磨损	（1）切削刃表面粗糙，使耐磨性降低； （2）切削液选择不当； （3）工件材料硬
崩刃	（1）前、后角太大，引起切削刃强度变差； （2）铰刀偏摆过大，造成切削负荷不均匀； （3）铰刀退出时反转，使切屑嵌入切削刃与孔壁之间
折断	（1）铰削用量太大； （2）工件材料硬； （3）铰刀被卡住后用力扳转； （4）进给量太大； （5）两手用力不均或铰刀轴心线与孔轴心线不重合

（2）铰孔时常见的废品形式及产生原因

铰孔时，铰刀质量不好、铰削用量选择不当、切削液使用不当、操作疏忽等都会产生废品。铰孔时常见的废品形式及产生原因见表6-6。

表6-6　铰孔时常见的废品形式及产生原因

废品形式	产生原因
表面粗糙度达不到要求	（1）铰刀刃口不锋利或有崩刃，铰刀切削部分和校准部分粗糙； （2）切削刃上黏结有积屑瘤或容屑槽内切屑黏结过多未清除； （3）铰削余量太大或太小； （4）铰刀退出时反转； （5）切削液不充足或选择不当； （6）手铰时，铰刀旋转不平稳； （7）铰刀偏摆过大
孔径扩大	（1）手铰时，铰刀偏摆过大； （2）机铰时，铰刀轴心线与工件孔的轴心线不重合； （3）铰刀未研磨，直径不符合要求； （4）进给量和铰削余量太大； （5）切削速度太高，使铰刀温度上升，直径增大
孔径缩小	（1）铰刀磨损后尺寸变小，仍继续使用； （2）铰削余量太大，引起孔弹性复原而使孔径缩小； （3）铰铸铁时加了煤油

续表

废品形式	产生原因
孔呈多棱形	（1）铰削余量太大和铰刀切削刃不锋利，使铰刀发生"啃切"，产生振动而呈多棱形； （2）钻孔不圆使铰刀发生弹跳； （3）机铰时，钻床主轴振摆太大
孔轴线不直	（1）预钻孔孔壁不直，铰削时未能使原有弯曲度得以纠正； （2）铰刀主偏角太大，导向不良，使铰削方向发生偏歪； （3）手铰时，两手用力不匀

任务6.4　定　距　板

1. 任务简析

定距板练习一方面是为了进一步巩固锉削技能，达到锉削精度要求，另一方面是熟练掌握钻孔、锪孔、铰孔技能。由于锉削、孔加工的精度要求较高，操作时要不断分析并解决产生的问题，提高操作稳定性。

2. 相关实习图纸

定距板练习图如图6-25所示。

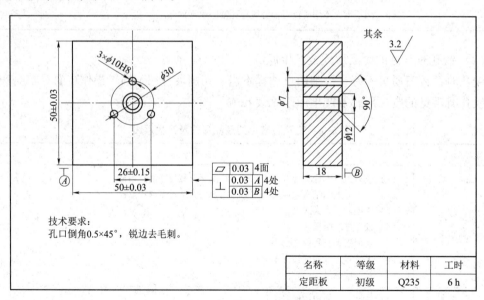

图6-25　定距板练习图

3. 准备工作

1）材料准备

51 mm×51 mm×18 mm，材料为Q235。

2）工具、刃具准备

常用锉刀、φ6 mm钻头、φ7 mm钻头、φ7.8 mm钻头、φ12 mm钻头、φ12 mm锥形锪

钻、ϕ10H8 手铰、铰杠、长柄刷等。

3）量具准备

钢皮尺、划线工具、游标卡尺、刀口角尺、高度划线尺、25～50 mm 千分尺等。

4）实训准备

领用工量具、刃具并清点，了解工量具、刃具的使用方法及要求。实训结束后，按照工量具、刃具清单清点，完毕后交指导教师验收。复习有关理论知识，详细阅读实训指导说明书。

4. 相关工艺和原理

1）定距板加工要点

（1）定距板外形是划线的基准，形位误差尽量控制在最小范围内。

（2）划孔位置线时，先划出 ϕ7 mm 孔中心线，再以该孔中心点为圆心划出 ϕ30 mm 的圆，用三等分的方法等分 3×ϕ10H8 孔位置，并依次钻孔。

（3）为保证锪孔表面质量，锪孔时可利用钻床停车后的主轴惯性进行锪孔，以减少振动。

2）孔的修正方法

钻孔时的方法一般按划线—打样冲眼—找正—钻孔的步骤进行，但当孔的位置精度要求较高时，为了保证孔距精度，在实际加工中经常用钻孔、找正、扩孔、再找正、再扩孔的方法来修正孔的位置。在修正时，用小圆锉修锉底孔的方法来修正孔的偏歪，通过扩孔来修正孔的位置。

项目7 加工螺纹

任务7.1 攻螺纹与套螺纹

1. 任务简析

重点掌握攻螺纹底孔直径和套螺纹圆杆直径的确定方法，以及攻螺纹和套螺纹方法。通过练习进一步掌握钻孔方法，达到孔加工精度；会分析、处理攻螺纹和套螺纹中常见问题，达到安全文明生产要求。

2. 相关实习图纸

攻螺纹、套螺纹练习图如图7-1所示。

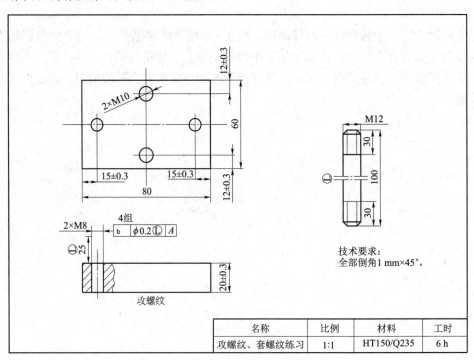

名称	比例	材料	工时
攻螺纹、套螺纹练习	1:1	HT150/Q235	6 h

图7-1 攻螺纹、套螺纹练习图

3. 准备工作

1）材料准备

攻螺纹材料同孔加工练习，套螺纹材料为 ϕ12 mm 圆钢（Q235）。

2）工具、刃具准备

钻床、长柄刷、ϕ5 mm 钻头、ϕ6.7 mm 钻头、ϕ8.5 mm 钻头、ϕ12 mm 钻头、M8 丝锥、M10 丝锥、M12 板牙、铰杠等。

3）量具准备

钢皮尺、游标卡尺、高度划线尺等。

4）实训准备

领用工量具、刀具并清点，了解工量具、刀具的使用方法及要求。实训结束后，按照清单清点，完毕后交指导教师验收。复习有关理论知识，详细阅读实训指导说明书。

4. 相关工艺和原理

在圆柱或圆锥外表面上所形成的螺纹称为外螺纹；在圆柱或圆锥内表面上所形成的螺纹称为内螺纹。

1）攻螺纹

（1）攻螺纹工具

① 丝锥。

丝锥是加工内螺纹的工具，有手用和机用、左旋和右旋、粗牙和细牙之分。手用丝锥一般采用合金工具钢（如 9SiCr）或轴承钢（如 GCr9）制造；机用丝锥通常用高速钢制造。

丝锥构造如图 7-2 所示，由工作部分和柄部组成。工作部分包括切削部分和校准部分。切削部分磨出锥角，使切削负荷分布在几个刀齿上，这样不仅工作省力、丝锥不易崩刃或折断，而且攻螺纹时的导向作用好，也保证了螺孔的质量。校准部分有完整的牙型，用来校准、修光已切出的螺纹，并引导丝锥沿轴向前进。丝锥的柄部有方榫，用以夹持并传递切削转矩。丝锥沿轴向开有几条容屑槽，以容纳切屑，同时形成切削刃和前角。

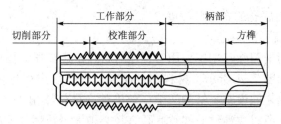

图 7-2 丝锥的构造

为了减少丝锥的切削力，提高使用寿命，一般将整个切削工作量分配给几支丝锥来承担。通常 M6～M24 的丝锥一套有两支，M6 以下及 M24 以上的丝锥一套有三支。细牙丝锥不论大小，均为两支一套。切削用量的分配有两种形式：锥形分配和柱形分配。一般对于直径小于 M12 的丝锥采用锥形分配，而对于直径较大的丝锥则采用柱形分配。机用丝锥一套也有两支，攻通孔螺纹时，一般都用头锥一次攻出。只有攻盲孔时，才用二锥（精锥）再攻一次，以增加螺纹的有效长度。

② 铰杠。

铰杠是手工攻螺纹时用的一种辅助工具，用来夹持丝锥。铰杠分普通铰杠和丁字铰杠两类，如图 7-3 所示。普通铰杠又分固定式铰杠和活络式铰杠两种，固定式铰杠的方孔尺寸和柄长符合一定的规格，使丝锥受力不会过大，丝锥不易折断，故操作比较合理，但规格准备要多，一般攻 M5 以下的螺纹，宜采用固定式铰杠。活络式铰杠可以调节方孔尺寸，故应用范围较广，有 150～600 mm 六种规格，铰杠长度应根据丝锥尺寸的大小选择，以控制一定的攻螺纹扭矩，其适用范围见表 7-1。

表 7-1　活络式铰杠的适用范围

活络式铰杠规格/mm	150	230	280	380	580	600
适用丝锥范围	M5~M8	M8~M12	M12~M14	M14~M16	M16~M22	M24 以上

丁字铰杠如图 7-3（b）所示，适用于攻制有台阶的侧边螺孔或攻制箱体内部的螺孔。

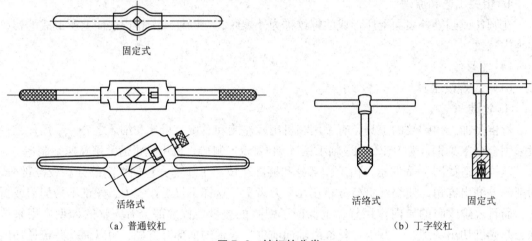

固定式

活络式　　　　　　　活络式　　　　固定式

（a）普通铰杠　　　　　　　　　　　　（b）丁字铰杠

图 7-3　铰杠的分类

（2）确定攻螺纹前底孔的直径和深度

① 攻螺纹前底孔直径的确定。

攻螺纹时，丝锥切削刃除起切削作用外，还对材料产生挤压。因此被挤压的材料在牙型顶端会凸起一部分，如图 7-4 所示，材料塑性越大，则挤压出得越多。此时，如果丝锥刀齿根部与工件牙型顶端之间没有足够的间隙，丝锥就会被挤压出来的材料轧住，造成崩刃、折断和工件螺纹烂牙。所以攻螺纹时螺纹底孔直径必须大于攻螺纹前的底孔直径。

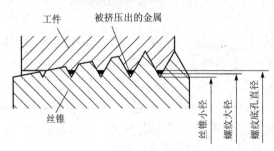

图 7-4　攻螺纹时的挤压现象

螺纹底孔直径的大小，要根据工件材料的塑性和钻孔时的扩张量来考虑，一般按照经验公式来计算。

加工钢和塑性较大的材料及扩张量中等的条件下：

$$D_钻 = D - P$$

式中，$D_钻$——螺纹底孔直径；

　　　D——螺纹大径，即螺纹牙尖处的直径；

　　P——螺纹螺距。

加工铸铁和塑性较小的材料及扩张量较小的条件下：

$$D_钻=D-(1.05\sim1.10)P$$

英制螺纹底孔直径的计算一般按表 7-2 所列公式计算，也可从有关手册中查出。

表 7-2　英制螺纹底孔直径的计算公式

螺纹公称直径/英寸	铸铁和青铜	钢和黄铜
$3/16\sim5/8$	$D_钻=25\left(D-\dfrac{1}{n}\right)$	$D_钻=25\left(D-\dfrac{1}{n}\right)+0.1$
$3/4\sim1\dfrac{1}{2}$	$D_钻=25\left(D-\dfrac{1}{n}\right)$	$D_钻=25\left(D-\dfrac{1}{n}\right)+0.3$

注：$D_钻$——英制螺纹底孔直径；n——每英寸牙数；D——螺纹公称直径，即螺纹大径的基本尺寸；1 英寸=2.54 cm

　　② 攻螺纹前底孔深度的确定。

　　攻盲孔时，由于丝锥切削部分不能切出完整的牙型，所以钻孔深度要大于所需的螺孔深度。一般要求是：

$$钻孔深度=所需螺孔深度+0.7D$$

式中，D 为螺纹大径。

　　（3）攻螺纹方法及要领

　　① 螺纹底孔的孔口要倒角，通孔两端都要倒角，倒角处直径可略大于螺孔大径，这样可使开始切削时容易切入，并可防止孔口出现挤压出的凸边。

　　② 工件装夹位置要正确，尽量使螺孔中心线处于水平或垂直位置，这样攻螺纹时容易判断丝锥轴线是否垂直于工件平面。

　　③ 用头锥起攻时，尽量把丝锥放正，一手用手掌按住铰杠中部，沿丝锥轴线加压，另一手配合转动铰杠，或两手握住铰杠两端均匀施加压力，并使丝锥顺向旋进，如图 7-5 所示，保证丝锥中心线与孔中心线重合。在丝锥攻入 1~2 圈后，应及时从前后、左右方向用角尺检查垂直度，如图 7-6 所示，并不断校正至要求。

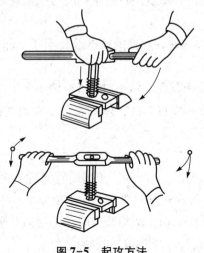

图 7-5　起攻方法

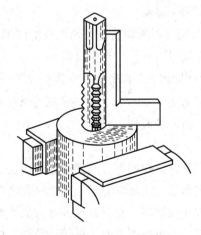

图 7-6　用角尺检查丝锥垂直度

开始攻螺纹时，为了保持丝锥的正确位置，可在丝锥上旋上同样规格的光制螺母，或将丝锥放入导向套的孔中，如图 7-7 所示。攻螺纹时，只要把螺母或导向套压紧工件表面，就能够保证丝锥按正确的位置切入工件孔中。

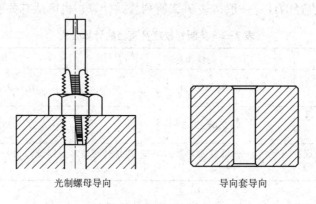

光制螺母导向　　　　　　　　　导向套导向

图 7-7　攻螺纹时的导向工具

④ 切削时，铰杠不需要再加压力。为避免切屑过长而咬死丝锥，攻螺纹时铰杠每转动 1～2 圈，就应倒转 1/4 圈，使切屑碎断后容易排出。

⑤ 攻螺纹时，应按头锥、二锥、三锥的顺序攻至标准尺寸。在较硬材料上攻螺纹时，可轮换各丝锥交替攻下，以减少切削部分负荷，防止丝锥折断。

⑥ 攻螺纹过程中，调换丝锥时要用手先旋入至不能再旋进时，方可用铰杠转动，以免损坏螺纹和防止乱牙。退出丝锥时，也要避免快速转动铰杠，最好用手旋出，以保证已攻好的螺纹质量不受影响。

⑦ 攻盲孔时，可在丝锥上做好深度标记，并经常退出丝锥，排除孔中切屑，防止切屑堵塞使丝锥折断或达不到深度要求。当工件不便倒向时，可用弯曲的管子吹去切屑，或用磁铁吸出切屑。

⑧ 攻塑性或韧性材料时，要加注切削液，以减小切削阻力，减少表面粗糙度，延长丝锥寿命。一般攻钢料时，使用机油或浓度较大的乳化液，螺纹质量要求高时可用植物油；攻铸铁时可用煤油。

⑨ 机攻时要保持丝锥与螺孔的同轴度要求。快攻完时，丝锥的校准部分不能全部出头，以免反转退出丝锥时产生乱牙。

⑩ 机铰时切削速度一般为 6～15 m/min；攻调质钢或硬的钢材时为 5～10 m/min；攻不锈钢时为 2～7 m/min；攻铸铁时为 8～10 m/min。攻同样材料时，丝锥直径小时取较高值，直径大时取较低值。

（4）丝锥的刃磨

当丝锥的切削部分磨损时，可刃磨其后刀面，如图 7-8 所示。刃磨时注意保持各刃瓣的半锥角 φ，以及切削部分长度的准确性和一致性。转动丝锥时要留心，不要使另一刃瓣的刀齿被碰擦磨坏。当丝锥校准部分磨损时，可刃磨其前刀面。磨损较少时，可用油石研磨其前刀面；磨损较严重时，可用棱角修圆的片状砂轮刃磨，并控制好一定的前角 γ_0。

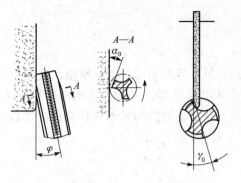

图 7-8　丝锥刃磨

（5）攻螺纹时的废品产生原因分析及丝锥损坏的原因

攻螺纹时的废品产生原因分析见表 7-3。

表 7-3　攻螺纹时的废品产生原因分析

废品形式	产生原因
烂牙	（1）螺纹底孔直径太小，丝锥不易切入，使孔口烂牙； （2）换用二锥、三锥时，与已切出的螺纹没有旋合好就强行攻削； （3）对塑性材料未加切削液，或丝锥不经常倒转，而把已切出的螺纹啃伤； （4）头锥攻螺纹不正，用二锥、三锥攻螺纹时强行纠正； （5）丝锥磨钝或切削刃有黏屑； （6）丝锥铰杠掌握不稳，攻铝合金等强度较低的材料时，容易被切烂牙
滑牙	（1）攻盲孔时，丝锥已到底但仍继续扳转； （2）在强度较低的材料上攻较小螺纹时，丝锥已切出螺纹仍继续加压，或攻完退出时用铰杠转出
螺孔攻歪	（1）丝锥位置不正； （2）机攻时丝锥与螺孔轴线不同轴
螺纹牙深不够	（1）攻螺纹前底孔直径太大； （2）丝锥磨损

攻螺纹时丝锥损坏的原因见表 7-4。

表 7-4　攻螺纹时丝锥损坏的原因

损坏形式	产生原因
丝锥崩牙或折断	（1）工件材料中夹有硬物等杂质； （2）断屑排屑不良，产生切屑堵塞现象； （3）丝锥位置不正，单边受力太大或强行纠正； （4）两手用力不均； （5）丝锥磨钝，切削阻力太大； （6）攻螺纹前底孔直径太小； （7）攻盲孔螺纹时丝锥已到底但仍继续扳转； （8）攻螺纹时用力过猛

2）套螺纹

（1）套螺纹工具

① 圆板牙。

圆板牙是加工外螺纹的工具，其外形像一个圆螺母，只是在上面钻几个排屑孔并形成切削刃，如图7-9所示。圆板牙的螺纹部分可分为切削部分和校准部分，两端面磨出主偏角的部分是切削部分，它是经过铲磨而成的阿基米德螺旋面。圆板牙的中间一段是校准部分，也是套螺纹时的导向部分。

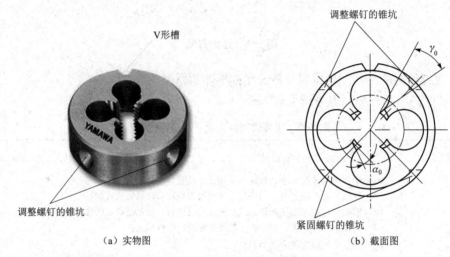

（a）实物图　　　　　　　　　　（b）截面图

图7-9　圆板牙的结构

M3.5以上的板牙，外圆上有4个锥坑和一条V形槽。下面两个锥坑的轴线通过圆板牙中心，用紧固螺钉固定并传递转矩。圆板牙磨损后，套出的螺纹直径变大，此时可用锯片砂轮在V形槽中心割出一条通槽，使V形槽变成调整槽。通过紧固螺钉调节上面的两个锥坑，使圆板牙尺寸缩小。调节的范围为0.10～0.25 mm，调节时，应使用标准样规或通过试切来确定螺纹尺寸是否合格。当在V形槽开口处旋入螺钉后，可使圆板牙直径变大。圆板牙的两端是切削部分，一端磨损后可换另一端使用。

② 板牙架。

板牙架是装夹板牙的工具。板牙放入相应规格的板牙架孔中，通过紧固螺钉将板牙固定，并传递套螺纹时的切削转矩。

（2）套螺纹前圆杆直径的确定

套螺纹与攻螺纹时的切削过程相同，螺纹牙尖也要被挤高一些，因此，圆杆的直径应比外螺纹的大径稍小些，一般圆杆直径 $D_{杆}$ 可用下式计算：

$$D_{杆} = D - 0.13P$$

式中，D——外螺纹大径，mm；

　　　P——螺距。

（3）套螺纹的方法及要领

① 为便于切入工件材料，圆杆端部应倒成15°～20°的锥角，锥体的最小直径要小于螺纹小径，避免螺纹端出现锋口和卷边。

② 套螺纹时的切削力矩较大，为防止圆杆夹持偏歪或夹出痕迹，一般用厚铜板作衬垫，或用 V 形钳口夹持，圆杆套螺纹部分伸出尽量短，沿铅垂方向放置。

③ 起套方法与攻螺纹起攻方法相似，一手用掌心按住板牙架中心，并沿轴向施加压力，另一手配合做顺向切进。转动要慢，压力要大，并保证圆板牙端面与圆杆轴线垂直。

④ 切入 2～3 牙后，应检查垂直度误差，发现歪斜应及时校正。

⑤ 正常套螺纹时，应停止施加轴向压力，让圆板牙自然引进，以免损坏螺纹和圆板牙，并经常反转以断屑。

⑥ 在钢件上套螺纹时要加切削液，以降低螺纹表面粗糙度，延长圆板牙使用寿命。常用的切削液有乳化液和机油。

（4）套螺纹时的废品分析

套螺纹时由于操作不当会产生废品，其形式和原因见表 7-5。

表 7-5 套螺纹时的废品形式及产生原因

废品形式	产生原因
烂牙（乱扣）	（1）圆杆直径太大； （2）圆板牙磨钝； （3）圆板牙没有经常倒转，切屑堵塞把螺纹啃坏； （4）板牙架掌握不稳，圆板牙左右摇摆； （5）圆板牙歪斜太多而强行修正； （6）圆板牙切削刃上粘有切削瘤； （7）没有选用合适的切削液
螺纹歪斜	（1）圆杆端面倒角不好，圆板牙难以放正； （2）两手用力不均匀，板牙架歪斜
螺纹牙深不够	（1）圆杆直径太小； （2）板牙 V 形槽调节不当，直径太大

任务 7.2 六角螺母加工

1. 任务简析

六角螺母加工是在螺纹加工的基础上，进一步提高锉削、孔加工及螺纹加工的操作技能，六角形体的精度及 M12 螺纹的加工要求是本任务练习的重点。

2. 相关实习图纸

六角螺母练习图如图 7-10 所示。

3. 准备工作

1）材料准备

（$\phi25.4\pm0.04$）mm×18.5 mm 圆钢，材料为 Q235。

2）工具、刃具准备

钻床、长柄刷、ϕ6 mm 钻头、ϕ8 mm 钻头、ϕ10.3 mm 钻头、倒角钻、M12 丝锥、铰杠等。

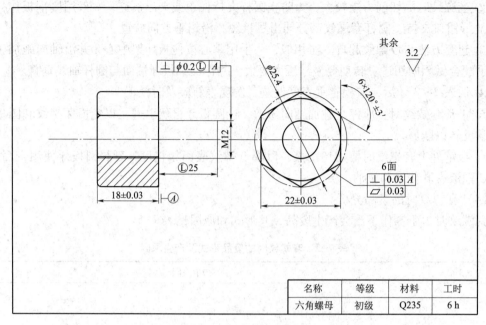

名称	等级	材料	工时
六角螺母	初级	Q235	6 h

图 7-10 六角螺母练习图

3）量具准备

钢皮尺、游标卡尺、刀口角尺、万能角尺、25～50 mm 千分尺、高度划线尺等。

4）实训准备

领用工量具、刃具并清点，了解工量具、刃具的使用方法及要求。实训结束后，按照清单清点，完毕后交指导教师验收。复习有关理论知识，详细阅读实训指导说明书。

4. 相关工艺和原理

六角螺母加工要点如下：

① 六角加工要领参照六角锉削；

② 钻螺纹底孔时，装夹要正确，保证孔中心线与六角端面的垂直度；

③ 起攻时，要及时纠正两个方向的垂直度，这是保证螺纹质量的重要环节，否则使切出的螺纹牙型一面深一面浅，并且随着螺纹长度的增加，歪斜现象明显增加，导致不能继续切削或丝锥折断；

④ 由于材料较厚，又是钢料，因此攻螺纹时，要加冷却润滑液，并经常倒转排屑。

项目8 锉削技巧

用锉刀对工件表面进行切削加工，使工件达到所要求的尺寸、形状和表面粗糙度的操作叫锉削。锉削是钳工重要的基本操作技能之一，锉削技能的高低，往往是衡量一个钳工技能水平高低的重要标志。

任务8.1 锉削姿势练习

1. 任务简析

正确的锉削姿势是掌握锉削技能的基础，初次练习，会出现各种不正确的姿势，特别是身体和动作的不协调，一定要及时纠正。同时，在锉削姿势练习时，还要注意体会两手用力的变化，达到安全文明生产的要求，为以后的平面锉削、角度锉削、曲面锉削和锉配等打下坚实的基础。

2. 相关实习图纸

锉削姿势练习图如图 8-1 所示。

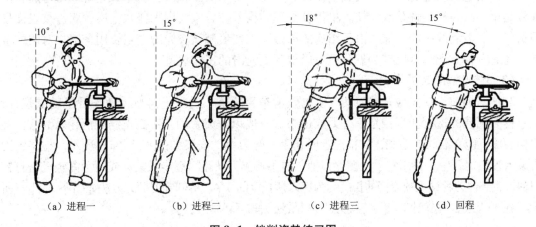

（a）进程一　　　　（b）进程二　　　　（c）进程三　　　　（d）回程

图 8-1　锉削姿势练习图

3. 准备工作

1）材料准备

转自錾削项目。

2）工具准备

300 mm 粗齿扁锉、铜丝刷等。

3）量具准备

钢皮尺。

4）实训准备

领用并清点工量具，了解工量具的使用方法及要求。实训结束时，按工量具清单清点后交指导教师验收。复习相关理论知识，详细阅读实训指导书。

4. 相关工艺和原理

1）锉刀

（1）锉刀的种类

一般我们接触的锉刀分普通锉刀、特种锉刀、整形锉刀（什锦挫）和异形挫。普通锉刀有平锉、方锉、三角锉、半圆锉和圆锉。普通锉刀一般用来修整外形。特种锉刀有刀口锉、菱形锉、扁三角锉、椭圆锉和圆肚锉，一般用来修背花和针对形状工作面比较强烈的地方。整形锉一般是每5根或者8根或者10根或者12根一组，一般用来修整更小的工作面。异形锉与整形锉相似，也是一组一组的，一般用来进行表面的花纹处理。

（2）锉刀的规格及选用

① 锉刀的规格。

普通锉的规格是以锉刀的长度、锉齿粗细及断面形状来表示的。长度规格有 100 mm、125 mm、150 mm、200 mm、250 mm、300 mm、350 mm、400 mm 和 450 mm 等几种。

② 锉刀的选择。

我们在制作工件的过程中是经常需要使用锉刀的。在制作过程中，针对不同的材料和不同的形状，选用的锉刀也是不同的。

首先要选择锉刀的锉纹：一般我们接触到的锉刀纹大都是剁制的，也有铣制的（精度高，工作痕迹精度也要高，但是成本太高，一般在市场上很难见到）。纹理常见的有两种：一种是单齿纹，另一种是双齿纹。单齿纹纹理结构单一，主要用来锉软金属；双齿纹表面呈网格状，一般剁线一浅一深，由于结构的原因，工作痕迹比较光滑，主要用来锉相对硬的金属。还有一种波形纹，比较少见，但可以得到更光滑的工作痕迹。

（3）锉刀柄的装拆

装锉刀柄前，应先检查锉刀柄头上的铁箍是否脱落，以防止锉刀舌插入后松动或裂开；检查锉刀柄孔的深度和直径是否过大或过小，一般以锉刀舌的 3/4 插入锉刀柄孔内为宜。锉刀柄表面不能有裂纹或毛刺，防止锉削时伤手。锉刀柄的安装如图 8-2（a）所示，先将锉刀舌放入锉刀柄孔中，再用左手轻握锉刀柄，右手将锉刀扶正，逐步镦紧，或用手锤轻轻击打锉刀柄，直到锉刀舌插入锉刀柄的长度约为锉刀柄长度的 3/4。拆卸锉刀柄的方法如图 8-2（b）所示，在平板或台虎钳钳口上轻轻将锉刀柄敲松后取下。

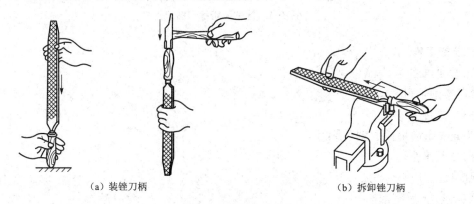

（a）装锉刀柄　　　　　　　　　　　　　　（b）拆卸锉刀柄

图 8-2　锉刀柄的装拆

（4）锉刀的正确使用和保养

合理使用和保养锉刀，可延长锉刀的使用寿命，因此使用时必须注意以下规则：

① 新锉刀的锉齿上都有毛刺，若用它锉削硬金属，毛刺就会磨掉，锉刀也会过早磨钝，因而不可用新锉刀锉硬生铁和钢。

② 不可用新锉刀锉氧化铁皮、铸锻硬皮的表面及未退火的硬钢件，氧化铁皮和铸锻硬皮必须先在砂轮上磨掉，只有在不得已的情况下，才可以用旧锉刀锉掉。

③ 不可用细锉锉软金属（铅、锡等），因为软金属的锉屑容易嵌入锉齿的齿槽，而使锉刀在工件表面打滑。

④ 不可把锉刀堆放在一起，以免碰坏锉齿。

⑤ 不可使锉刀沾水或放在潮湿的地方，以防锈蚀。

⑥ 当锉软金属时，锉齿常被锉屑堵塞，这时可用钢丝刷将锉屑刷去。为了避免锉齿被钢丝刷磨钝，应沿锉齿的方向，使钢丝刷向钢丝被钩着的一面刷去。若嵌牢的是大锉屑，则用铜刮刀刮去，但要顺着锉齿的方向剔除。

2）锉削姿势

（1）工件的装夹

装夹工件的注意事项如下：

① 工件应尽量夹在台虎钳的中间，伸出部分不能太高，防止锉削时工件产生振动，特别是薄形工件；

② 工件夹持要牢固，但也不能使工件变形；

③ 对几何形状特殊的工件，夹持时要加衬垫，如圆形工件要衬 V 形块或弧形木块；

④ 对已加工表面或精密工件，夹持时要加软钳口，并保持钳口清洁。

（2）锉刀的握法

锉刀握法的正确与否，对锉削质量、锉削力量的发挥及疲劳程度都有一定的影响。由于锉刀的形状和大小不同，锉刀的握法也不同，如图 8-3 所示。

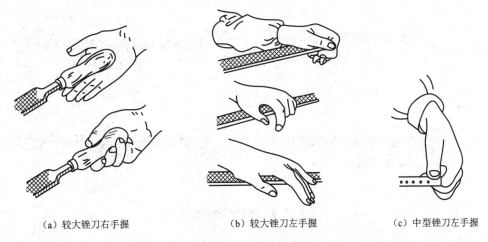

（a）较大锉刀右手握　　　　（b）较大锉刀左手握　　　　（c）中型锉刀左手握

图 8-3　锉刀的握法

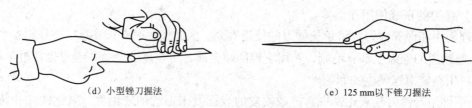

（d）小型锉刀握法　　　　　　　　　　（e）125 mm以下锉刀握法

图8-3　锉刀的握法（续）

对于较大锉刀（250 mm以上），右手握锉方法如图8-3（a）所示，用右手握锉刀柄，柄端顶住掌心，大拇指放在柄的上部，其余四指由下向上满握锉刀柄，左手的握锉姿势有两种，将左手拇指肌肉压在锉刀头上，中指、无名指捏住锉刀前端，也可用左手掌斜压在锉刀前端，各指自然平放，如图8-3（b）所示。

中型锉刀（200 mm），右手握锉方法同较大锉刀一样，左手只需用大拇指和食指、中指轻轻扶持即可，不必像较大锉刀那样施加很大的压力，如图8-3（c）所示。

小型锉刀（150 mm），右手与较大型锉刀握法相似，右手食指平直扶在锉刀柄外侧面，左手四指压在锉刀的中部，如图8-3（d）所示。

125 mm以下锉刀及整形锉，只需一只手握住即可，如图8-3（e）所示。

（3）锉削姿势及动作

在锉削时，两手握住锉刀放在工件上面，左臂弯曲，小臂与工件锉削面左右保持基本平行，右小臂要与工件锉削面前后保持基本平行，但要自然。右脚伸直并稍向前倾，重心落于左脚，左膝随锉削时的往复运动而屈伸，锉削时要使锉刀的有效长度充分利用。锉削的动作是由身体和手臂同时运动完成的。

（4）锉削时的两手用力和锉削速度

锉削时，锉刀推进的推力大小由右手控制，而压力的大小由两手同时控制。为了保持锉刀的直线锉削运动，必须满足以下条件：锉削时，锉刀在工件的任意位置上，前后两端所受的力矩应相等。由于锉刀的位置在不断改变，两手所加的压力也会随之发生相应变化。锉削时，右手的压力随锉刀的推进而逐渐增加，左手的压力随锉刀的推进而逐渐减小，如图8-4所示。这是锉削操作最关键的技术要领，只有认真练习，才能掌握。

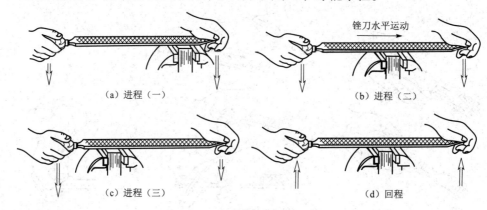

（a）进程（一）　　　　　　　　　　（b）进程（二）

（c）进程（三）　　　　　　　　　　（d）回程

图8-4　锉削力的平衡

锉削的速度，要根据被加工工件大小、被加工工件的软硬程度及锉刀规格等具体情况而定。一般应在40次/min左右，太快容易造成操作疲劳和锉齿的快速磨损，太慢则效率低。

推出时速度稍慢，回程时速度稍快，锉刀不加压力，以减少锉齿的磨损，动作要自然。

3）锉削时的安全文明生产知识

① 锉刀是右手工具，应放在台虎钳的右边，锉刀柄不要露出钳台外边，以防跌落而扎伤脚或损坏锉刀。

② 不使用无柄或柄已开裂的锉刀，锉刀柄一定要装紧，防止手柄脱落而刺伤手。

③ 不能用嘴吹切屑，防止切屑飞入眼中。也不能用手清除切屑，以防扎伤手。同时，若手上有油污，则会在锉削时使锉刀打滑而造成事故。

任务 8.2　长方体的锉削

1. 任务简析

在锉削姿势练习的基础上，进一步巩固、完善正确的锉削姿势，提高平面锉削技能，掌握平面锉平的方法要领。长方体锉削中，尺寸及形位精度的保证是练习的重点，因此提高测量的准确性，也是练习中应解决的主要问题。

2. 相关实习图纸

长方体锉削练习图如图 8-5 所示。

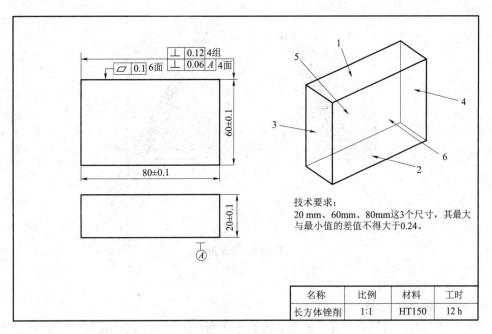

图 8-5　长方体锉削练习图

3. 准备工作

1）材料准备

转自锉削姿势练习。

2）工具准备

300 mm 粗齿扁锉、250 mm 中齿扁锉、铜丝刷等。

3）量具准备

钢皮尺、刀口角尺、游标卡尺、高度划线尺等。

4）实训准备

领用工量具并清点，了解工量具的使用方法及要求。实训结束后，按照工量具清单清点，完毕后交指导教师验收。复习有关理论知识，详细阅读实训指导说明书。

4. 相关工艺和原理

1）平面锉削的方法

（1）顺向锉

锉削时，锉刀运动方向与工件夹持方向始终一致。由于顺向锉的锉痕整齐一致，比较美观，所以不大的平面和最后的锉光都采用这种方法。

（2）交叉锉

如图 8-6 所示，以交叉锉方式进行锉削时，锉刀的运动方向与工件夹持的水平方向成 50°~60° 夹角，且锉纹交叉。由于锉刀与工件的接触面积较大，锉刀容易掌握平稳，且能从交叉的锉痕上判断出锉面的凹凸情况，因此容易把表面锉平。交叉锉一般用于粗锉，可提高效率。最后精锉时，仍要改用顺向锉，使锉痕整齐、一致。

锉平面时，无论顺向锉还是交叉锉，都要均匀地锉削，每次退回锉刀时，锉刀应在横向适当地移动。

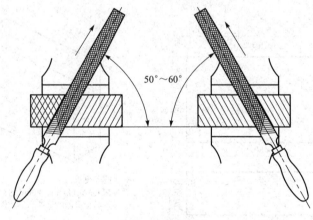

图 8-6 交叉锉

2）平面锉削的要领

（1）长方体锉削顺序

长方体锉削时，为了更快速、有效、准确地达到加工要求，必须按照一定的顺序进行加工，原则如下：

① 选择最大的平面作为基准面，先把该面锉平，达到平面度要求；

② 先锉大平面后锉小平面，以大面控制小面，测量准确，修整方便，误差小，余量小；

③ 先锉平行面，再锉垂直面，一方面便于控制尺寸，另一方面平行度比垂直度的测量方便。

（2）表面不平的形式及原因

在实际加工中，锉削表面往往不平，造成表面不平的原因如表 8-1 所示。

表 8-1　锉削表面不平的形式及原因

形式	产生原因
平面中凸	(1) 锉削时双手的用力不能使锉刀保持平衡； (2) 锉刀开始推出时，右手压力大，造成后面多锉；锉刀推到前面时，左手压力大，造成前面多锉； (3) 锉削姿势不正确； (4) 锉刀本身中间凹
对角扭曲	(1) 左手或右手施加压力时重心偏在锉刀的一侧； (2) 工件未正确夹固； (3) 锉刀本身扭曲
平面横向中凸或中凹	锉削时，锉刀左右移动不均匀

3）平面锉削时常用的量具及使用

（1）刀口直尺与平面度的检测

刀口直尺是用光隙法检测平面零件直线度和平面度的常用量具。刀口直尺有 0 级和 1 级两种精度，常用的规格有 75 mm、125 mm、175 mm 等。

① 平面度的检测方法。

a）将刀口直尺垂直紧靠在零件表面，并在纵向、横向和对角线方向逐次检测。

b）检测时，如果刀口直尺与零件平面透光微弱而均匀，则该零件平面度合格；如果透光强弱不一，则说明该零件平面凹凸不平。可在刀口直尺与零件紧靠处用塞尺插入，根据塞尺的厚度即可确定平面度的误差。

平面度检测方法如图 8-7 所示。

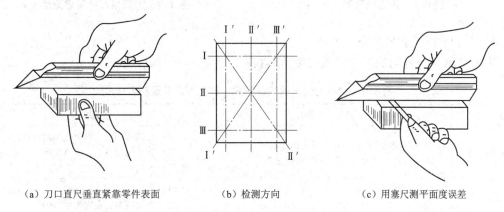

（a）刀口直尺垂直紧靠零件表面　　（b）检测方向　　（c）用塞尺测平面度误差

图 8-7　平面度的检测方法

② 刀口直尺的使用要点。

刀口直尺的工作刀口极易碰损，使用和存放时要特别小心。

需要改变工件检测表面的位置时，一定要抬起刀口直尺，使其离开工件表面，然后移到其他位置轻轻放下，严禁在工件表面上推拉移位，以免损伤精度。使用刀口直尺时，手握持隔热板，以免体温影响测量，而且直接握持金属面后清洗不净，易产生锈蚀。

（2）90°角尺与垂直度的检测

① 90°角尺的应用。

90°角尺主要用于检测 90°角，测量垂直度误差，也可当作直尺测量直线度、平面度，以及检测机床仪器的精度和划线，常用的有刀口角尺和宽座角尺两种。

② 垂直度的测量方法。

测量垂直度前，先用锉刀将工件的锐边去毛刺、倒钝，如图 8-8 所示。测量时，如图 8-9（a）所示，先将角尺尺座的测量面紧贴工件基准面，轻轻从上向下移动至角尺的测量面与工件被测面接触，目光平视观察其透光情况。测量时，角尺不可像图 8-9（b）所示那样斜放，否则得不到正确的测量结果。

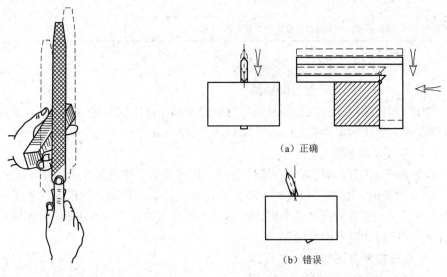

图 8-8　锐边去毛刺　　　　　　　图 8-9　刀口角尺检测垂直度

4）锉削时常见的废品原因分析

表 8-2 所示为锉削加工中出现的废品形式、产生原因及预防方法。

表 8-2　锉削时常见的废品形式、产生原因及预防方法

废品形式	产生原因	预防方法
工件夹坏	（1）已加工表面被台钳钳口夹出伤痕； （2）夹紧力太大，使空心工件被夹扁	（1）夹持精加工表面应该用软钳口； （2）夹紧力要适当，夹持应该用 V 形块或弧形木块
尺寸太小	（1）划线不正确； （2）未及时检测尺寸	（1）按图正确划线，并校对； （2）经常测量，做到心中有数
平面不平	（1）锉削姿势不正确； （2）选用中凹的锉刀而使锉出的平面中凸	（1）加强锉削技能训练； （2）正确选用锉刀
表面粗糙不光洁	（1）精加工时仍用粗齿锉刀锉削； （2）粗锉时锉痕太深，以致精锉无法去除； （3）切屑嵌在锉齿中未及时清除而将表面拉毛	（1）合理选用锉刀； （2）适当多留精锉余量； （3）及时去除切屑
不应锉的部位被锉掉	（1）锉直角时未用光边锉刀； （2）锉刀打滑而锉坏相邻面	（1）选用光边锉刀； （2）注意清除油污等引起打滑的原因

任务 8.3　台阶的锉削

1. 任务简析

尺寸精度、形位公差的控制是本任务练习的重点，因此熟练使用量具，提高测量的准确性是练习的关键。

锉削的平面逐渐变小，对锉削技能的要求更高，在练习中需要不断地总结、提高，积累锉削方法，达到相应的精度要求。

2. 相关实习图纸

台阶锉削练习图如图 8-10 所示。

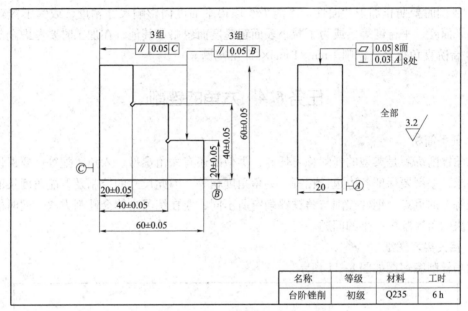

图 8-10　台阶锉削练习图

3. 准备工作

1）材料准备

60.5 mm×60.5 mm×20 mm，材料为 Q235。

2）工具准备

300 mm 粗齿扁锉、250 mm 中齿扁锉、200 mm 细齿扁锉、手锯、划线工具、铜丝刷等。

3）量具准备

钢皮尺、刀口角尺、游标卡尺、高度划线尺、万能角度尺等。

4）实训准备

领用工量具并清点，了解工量具的使用方法及要求。实训结束后，按照工量具清单清点，完毕后交指导教师验收。复习有关理论知识，详细阅读实训指导说明书。

4. 相关工艺和原理

1）锉刀的修磨

为获得内棱倾角、防止锉刀在锉削时碰坏相邻面，锉刀的一侧棱边必须修磨至略小于

90°。锉削时，修磨边紧靠内棱角进行直锉。

2）加工要点

① 台阶锉削是锉削基本练习的后期练习项目，故必须达到锉削姿势动作的完全正确，不正确的姿势动作要全部纠正。

② 为保证加工表面光洁，锉削时要经常清除嵌入锉刀齿纹内的锉屑，并在锉刀齿面上涂上粉笔灰。

③ 粗、精锉的加工余量要控制好。最后精锉时，由于锉面较小，锉刀的行程要短，也可利用锉刀梢部的凸弧形，把工件锉平。倾角处允许锯出沉割槽。

④ 各台阶面之间的垂直度，一般通过控制各尺寸的平行度来间接保证，因此外形加工必须正确。

⑤ 锉削时要防止加工片面性。不能为了取得平面度而影响尺寸精度，或为了锉对尺寸而忽略平面度、平行度等，或为了减小表面粗糙度而忽略了其他，在加工时要考虑全部。

⑥ 台阶直角处允许锯削 1 mm×1 mm×45°沉割槽。

任务 8.4　六角的锉削

1. 任务简析

六角锉削练习是典型的锉削练习任务，类似的还有六角螺母、六角镶配等。要保证正六边形要求，关键要保证各边边长相等、夹角角度相等，因此尺寸的控制及万能角度尺的正确使用是练习的重点。钢件锉削与铸铁锉削有所不同，应在练习中体会锉削方法，同时能够分析并解决六角锉削中产生的问题。

2. 相关实习图纸

六角锉削练习图如图 8-11 所示。

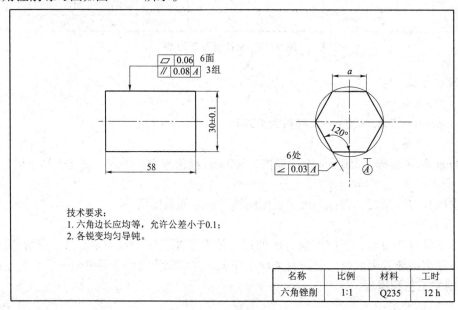

图 8-11　六角锉削练习图

3. 准备工作

1）材料准备

ϕ35 mm×58 mm，Q235。

2）工具准备

300 mm 粗齿扁锉、250 mm 中齿扁锉、200 mm 细齿扁锉、划线工具、铜丝刷等。

3）量具准备

钢皮尺、刀口角尺、游标卡尺、高度划线尺、万能角度尺等。

4）实训准备

领用工量具并清点，了解工量具的使用方法及要求。实训结束后，按照工量具清单清点，完毕后交指导教师验收。复习有关理论知识，详细阅读实训指导说明书。

4. 相关工艺和原理

1）六角锉削方法

（1）六角体加工方法

原则上先加工基准面，再加工平行面、角度面，但为了保证正六边形的要求（即对边尺寸相等、120°角度正确及边长相等），加工中还要根据来料的情况而定。

圆料加工六角时，先测量圆柱的实际直径 d，以外圆母线为基准，通过控制尺寸 M 来实现，如图 8-12 所示。

六角加工也可用边长样板来测量，如图 8-13 所示。加工时，先加工六角一组对面，然后同时加工两相邻角度面，用边长样板控制六角体边长相等，最后加工两角度面的平行面。

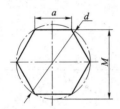

图 8-12　圆料加工六角体的方法

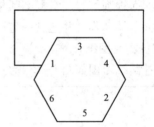

图 8-13　边长样板测量图

（2）钢件锉削方法

锉削钢件时，由于切屑容易嵌入锉刀锉齿中而拉伤加工表面，使表面粗糙度增大，所以锉削时必须经常用钢丝刷或铁片剔除切屑（注意，剔除切屑时，应顺着锉刀齿纹方向），如图 8-14 所示。

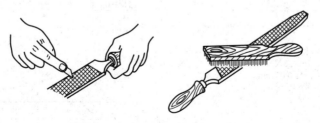

图 8-14　清除锉齿内切屑的方法

为了使加工表面能达到 $Ra3.2\ \mu m$ 的表面粗糙度要求，锉削时，可在锉刀的齿面上涂粉笔，使每次锉削的切削量减少，同时切屑不易嵌入锉刀齿纹中，使锉出的加工表面更光洁。

2）六角锉削常见误差分析

表 8-3 所示为六角锉削中出现加工误差的原因分析。

表 8-3　六角锉削中出现加工误差的原因分析

形　式	产生原因
同一面上两端宽窄不等	（1）锉削面与端面不垂直； （2）来料外圆有锥度
六角体扭曲	各加工面间有扭曲误差存在
六角体边长不等	各加工面尺寸公差没有控制好
120°角度不等	角度测量存在积累误差

任务 8.5　曲面的锉削

1. 任务简析

圆弧锉削是较难掌握的锉削方法，但内、外圆弧锉削又是掌握各种曲面锉削的基础，所以本任务中通过曲面锉削来使学生掌握内、外圆弧锉削方法。圆弧的轮廓度要求、圆弧与平面之间的光滑连接等是本任务练习的重点。

通过曲面锉削练习，掌握圆弧精度的检测方法，并能根据工件的形状和要求，正确选用锉刀，掌握推锉动作，并达到一定的精度。

2. 相关实习图纸

曲面锉削练习图如图 8-15 所示。

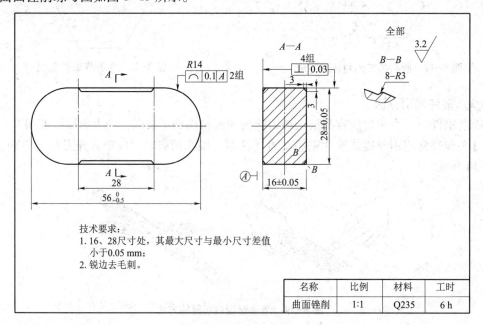

图 8-15　曲面锉削练习图

3. 准备工作

1) 材料准备

同六角锉削。

2) 工具准备

300 mm 粗齿扁锉、250 mm 中齿扁锉、200 mm 细齿扁锉、什锦锉、划线工具、铜丝刷等。

3) 量具准备

钢皮尺、刀口角尺、游标卡尺、高度划线尺、R 规（$R7.0$ mm～$R14.5$ mm）等。

4) 实训准备

领用工量具并清点，了解工量具的使用方法及要求。实训结束后，按照工量具清单清点，完毕后交指导教师验收。复习有关理论知识，详细阅读实训指导说明书。

4. 相关工艺和原理

1) 曲面锉削方法

（1）锉削外圆弧面

外圆弧面锉削所用的锉刀为扁锉，锉削时锉刀要同时完成两种运动：前进运动和锉刀绕工件圆弧中心的转动，如图 8-16 所示。

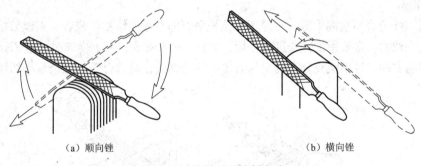

(a) 顺向锉   (b) 横向锉

图 8-16 外圆弧面锉削方法

① 顺向锉。

顺向锉锉削方法如图 8-16（a）所示，左手将锉刀头部置于工件左侧，右手握锉刀柄抬高，接着右手下压锉刀，左手随之上提且仍施加压力，如此反复，直到圆弧面成形。顺向锉能得到较光滑的圆弧面、较低的表面粗糙度，但锉削位置不易掌握，且效率不高，适用于精锉。

② 横向锉。

横向锉锉削方法如图 8-16（b）所示，锉刀沿着圆弧面的轴线方向做直线运动，同时锉刀不断随圆弧面摆动。横向锉的优点是：锉削效率高，且便于按划线位置均匀地锉出弧线；缺点是只能锉成近似圆弧面的多棱形面，故横向锉多用于圆弧面的粗加工。

（2）锉削内圆弧面

锉削内圆弧面时，锉刀选用圆锉、半圆锉、方锉（圆弧半径较大时）。锉削方法如图 8-17 所示，锉刀要同时完成以下三种运动：

① 锉刀沿轴线做前进运动，保证锉刀全程参加切削；

② 沿圆弧面向左或向右移动，避免加工表面出现棱角（约半个到一个锉刀直径）；

③ 绕锉刀轴线转动（顺时针或逆时针方向转动）。

三种运动要协调配合，缺一不可，否则不能保证锉出的圆弧面光滑、准确。

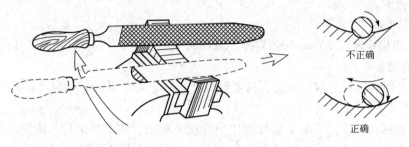

不正确

正确

图 8-17　内圆弧面锉削方法

（3）平面与圆弧的连接方法

一般情况下，应先加工平面，后加工圆弧，使圆弧与平面连接圆滑。若先加工圆弧面后加工平面，则在加工平面时，由于锉刀左右移动会使圆弧面损伤，且连接处不易锉圆滑或不相切。

（4）推锉

推锉时，锉刀容易掌握平衡，一般用于狭长平面的平面度修整。或者，当锉刀推进受阻碍但要求锉纹一致时，常采用推锉法进行补偿，如图 8-18 所示。由于推锉时的锉刀运动方向不是锉齿的切削方向，且不能充分发挥手的力量，故效率低，只适合于加工余量小的场合。

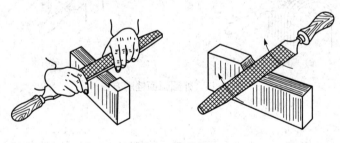

图 8-18　推锉

2）半径样板及圆弧线轮廓度的检查方法

半径样板又称 R 规，一般是成套的，其外形如图 8-19 所示。半径样板由凸形样板和凹形样板组成，常用的半径样板有 $R1.0 \sim R6.5$、$R7.0 \sim R14.5$ 和 $R15 \sim R25$ 三种。

检查圆弧线轮廓度时，用半径样板透光法检查，如图 8-20 所示。半径样板与工件圆弧面间缝隙均匀、透光微弱，则圆弧面轮廓尺寸、形状精度合格，否则达不到要求。

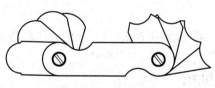

图 8-19　半径样板

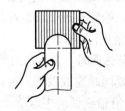

图 8-20　圆弧线轮廓度检查

任务 8.6　角度圆弧的锉削

1. 任务简析

角度圆弧锉削是平面、角度、曲面锉削的综合，目的是进一步巩固、提高锉削技能。因此，掌握正确的锉削技能、熟练使用锉削工具是本任务练习的重点。同时，尺寸、形位精度的要求较高，对量具的使用及测量的准确性也提出了更高的要求。

2. 相关实习图纸

角度圆弧锉削练习图如图 8-21 所示。

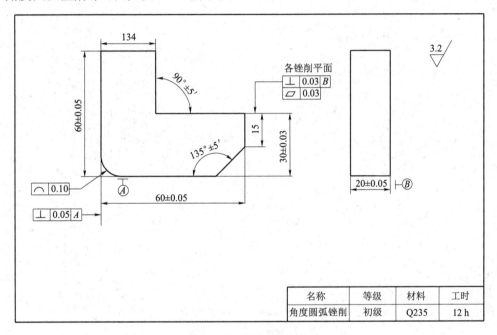

图 8-21　角度圆弧锉削练习图

3. 准备工作

1）材料准备

60.5 mm×60.5 mm×20.5 mm，材料为 Q235。

2）工具准备

300 mm 粗齿扁锉、250 mm 中齿扁锉、200 mm 细齿扁锉、手锯、划线工具、铜丝刷等。

3）量具准备

钢皮尺、刀口角尺、游标卡尺、高度划线尺、万能角度尺、R 规（$R15\sim R25$）等。

4）实训准备

领用工量具并清点，了解工量具的使用方法及要求。实训结束后，按照工量具清单清点，完毕后交指导教师验收。复习有关理论知识，详细阅读实训指导说明书。

4. 相关工艺和原理

角度圆弧加工要点如下：

① 型面加工时，要注意与大平面的垂直度，特别是圆弧面与大平面的垂直度，要控制好锉刀的平衡；

② 为保证型面之间的垂直度，尺寸差值应尽可能达到较高的精度，测量时锐边要去毛刺、倒钝，保证测量的准确性；

③ 圆弧加工时要注意与平面连接圆滑，一般先加工平面，再加工圆弧，但圆弧锉削时，要防止因锉刀转动而引起端部塌角或碰坏平面；

④ 锉削表面较小时，锉刀横向用力要控制好，避免局部塌角，精锉时要勤测量，多观察，多分析；

⑤ 90°直角处允许锯削 1 mm×1 mm×45°沉割槽。

项目9 刮削技巧

任务9.1 原始平板的刮削

1. 任务简析

原始平板刮削是用三块平板按一定的规律互研互刮，使平板达到一定的精度。通过本任务练习，了解刮刀的材料、种类、结构，掌握手刮和挺刮方法，理解原始平板的刮削原理和步骤。其中，刮削姿势是练习的重点，只有通过不断练习，才能掌握正确的动作要领。同时，要重视刮刀的刃磨、修磨，刮刀的正确刃磨是提高刮削速度、保证刮削精度的重要条件。

刮削中，还要掌握粗刮、细刮、精刮的方法和要领，并能解决平面刮削中产生的一般问题，每25 mm×25 mm面积上接触显点18个以上，是要解决的关键问题。

2. 相关实习图纸

原始平板刮削练习图如图9-1所示。

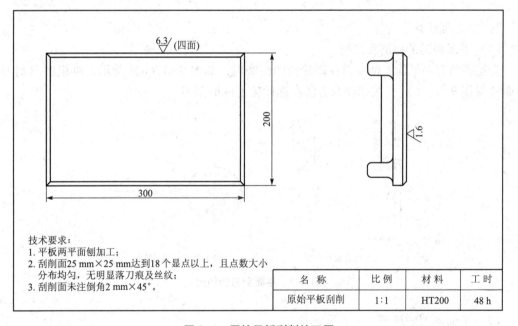

技术要求：
1. 平板两平面刨加工；
2. 刮削面25 mm×25 mm达到18个显点以上，且点数大小分布均匀，无明显落刀痕及丝纹；
3. 刮削面未注倒角2 mm×45°。

名　称	比　例	材　料	工　时
原始平板刮削	1:1	HT200	48 h

图9-1　原始平板刮削练习图

3. 准备工作

1）材料准备

每组三块平板且四周倒角，去除毛刺，并用油漆在平板醒目处分别编号1、2、3。

2）工具准备

粗、细、精平面刮刀，油石，机油，显示剂，毛刷等。

3）实训准备

同组人员对刮削、研磨、观察等分工负责。领用工具并清点，了解工具的使用方法及要求。实训结束后，按照工具清单清点完毕后交指导教师验收。复习有关理论知识，详细阅读实训指导说明书。

4. 相关工艺和原理

1）刮刀的种类

刮刀头一般由 T12A 碳素工具钢或耐磨性较好的 GCr15 滚动轴承钢锻造，并经磨制和热处理淬硬。刮刀分平面刮刀和曲面刮刀两大类。平面刮刀分直头刮刀和弯头刮刀两种，如图 9-2 所示，主要用于平面刮削和刮花。曲面刮刀主要用来刮削曲面，如滑动轴承的内孔等，在任务 9.2 中详细介绍。

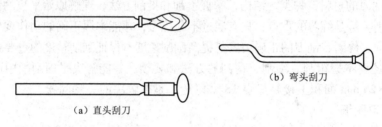

（b）弯头刮刀

（a）直头刮刀

图 9-2　平面刮刀的种类

2）刮刀的刃磨

（1）平面刮刀的粗磨和细磨

先粗磨刮刀两平面，使刮刀在砂轮两侧面磨削，如图 9-3（a）所示，再粗磨出刮刀顶端面［见图 9-3（b）］。按同样的方法在细砂轮上细磨刮刀。

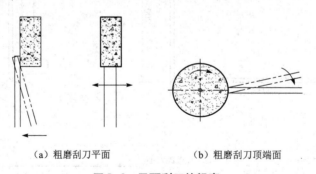

（a）粗磨刮刀平面　　　　　　　　（b）粗磨刮刀顶端面

图 9-3　平面刮刀的粗磨

（2）平面刮刀的精磨

操作时在油石上加适量机油，先磨两平面［见图 9-4（a）］，按图中所示横向往复移动刮刀，直至平面磨平整为止，然后精磨端面［见图 9-4（b）］。精磨端面时，左手扶住靠近手柄的刀身，右手紧握刀身，使刮刀直立在油石上，略向前倾（前倾角度根据刮刀楔角 β 的不同而不同）地向前推移，拉回时刀身略微提起，以免损伤刃口，如此反复，直到切削部分的形状和角度符合要求，且刃口锋利为止，当一面磨好后再磨另一面。初学时还可将刮刀上部靠在肩上，两手握刀身，向后拉动未磨锐刃口，而向前则将刮刀提起［见图 9-4（c）］。

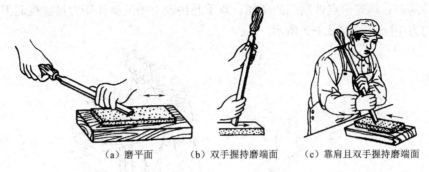

（a）磨平面　　　　（b）双手握持磨端面　　　（c）靠肩且双手握持磨端面

图 9-4 刮刀在油石上精磨

平面刮刀刃磨时，刮刀楔角 β 的大小应根据粗、细、精刮的要求而定，具体如图 9-5 所示。

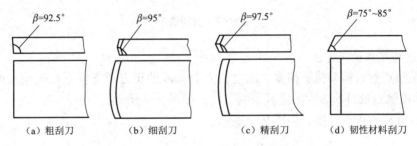

（a）粗刮刀　　　　（b）细刮刀　　　　（c）精刮刀　　　　（d）韧性材料刮刀

图 9-5 刮刀切削部分的几何形状和角度

3）平面刮削姿势

平面刮削姿势分手刮法和挺刮法两种。

（1）手刮法

右手握刀柄，左手四指向下握住距刮刀头部 50～70 mm 处。左手靠小拇指侧的掌部贴在刀背上，刮刀与刮削面成 20°～30°角度，同时，左脚向前跨一步，上身前倾，身体重心靠向左腿。刮削时，让刀头找准研点，身体重心往前送的同时，右手跟进刮刀；左手下压，落刀要轻，并引导刮刀前进方向；左手随着研点被刮削的同时，依刮刀的反弹作用力迅速提起刀头，刀头提起高度为 5～10 mm，如此完成一个刮削动作。

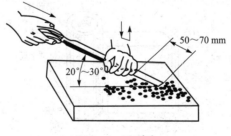

图 9-6 手刮法

（2）挺刮法

将刮刀柄顶在小腹右下部肌肉处，左手在前，右手在后，左手在距刮刀头部 80 mm 左右处握住刀身。刮削时刀头对准研点，左手下压，右手控制刀头方向，利用腿部和臂部的合力往前推动刮刀；随着研点被刮削的瞬间，双手利用刮刀的反弹作用力迅速提起刀头，刀头提起高度约为 10 mm，如图 9-7 所示。

（a）左手　（b）右手

（c）刮削姿势

图 9-7　挺刮法

4）刮削精度的检查方法

① 以接触点数目检验接触精度。用边长为 25 mm 的正方形方框罩在被检查面上，根据在方框内的接触点数目的多少决定其刮削精度，如图 9-8 所示。

② 用百分表检查平行度，如图 9-9 所示。

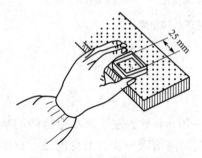

图 9-8　用方框检查刮削精度

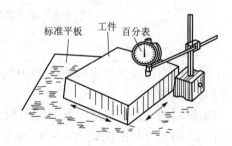

图 9-9　用百分表检查平行度

③ 用标准圆柱检查垂直度，如图 9-10 所示。

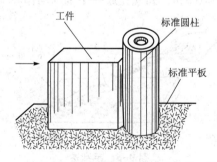

图 9-10　用标准圆柱检查垂直度

5）刮削方法

（1）粗刮

粗刮是用粗刮刀在刮削面上均匀地铲去一层较厚的金属，使其很快去除刀痕、锈斑或过多的余量。方法是用粗刮刀连续推铲，刀迹连成片。在整个刮削面上要均匀刮削，并根据测量情况对凸凹不平的地方进行不同程度的刮削。当粗刮至每25 mm×25 mm面积内有2～3个研点时，用标准圆柱检查垂直度，满足要求即告结束。

（2）细刮

细刮是用细刮刀在刮削面上刮去稀疏的大块研点，使刮削面进一步改善。随着研点的增多，刀迹要逐步缩短。要一个方向刮完一遍后，再交叉刮削第二遍，以此消除原方向上的刀迹。刮削过程中要控制好刀头方向，避免在刮削面上划出深刀痕。显示剂要涂抹得薄而均匀，推研后的硬点应刮重些，软点应刮轻些。直至显示出的研点硬软均匀，在整个刮削面上每25 mm×25 mm面积内有12～15个研点，细刮即告结束。

（3）精刮

精刮是用精刮刀采用点刮法以增加研点，进一步提高刮削面精度。刮削时，找点要准，落刀要轻，起刀要快。在每个研点上只刮一刀，不能重复，刮削方向要按交叉原则进行。大而亮的研点全部刮去，中等研点只刮去顶点一小片，小研点留着不刮。当研点逐渐增多到每25 mm×25 mm面积内有18个以上时，就要在最后的几遍刮削中，让刀迹的大小交叉一致，排列整齐美观。

6）研点方法

一般采用渐进法刮削，不用标准平板，而以三块（或三块以上）平板依次循环互研互刮，直至达到要求。

通过几次循环，使各平板显点一致。然后采用对角刮研，消除平面的扭曲误差，如图9-11所示。

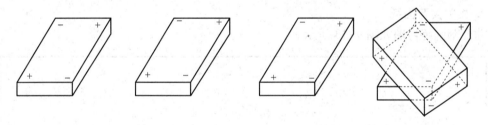

图9-11　研点方法

推研方法如图9-12所示，先直研（纵、横面）以消除纵横起伏产生的平面度误差。

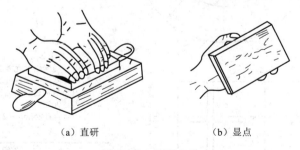

（a）直研　　　　　　（b）显点

图9-12　推研方法

刮削推研时，要特别重视清洁工作，切不可让杂质留在研合面上，以免造成刮研面或标准平板的严重划伤。不论是粗刮、细刮还是精刮，对小工件的显示研点，应当是标准平板固定，工件在标准平板上推研。推研时要求压力均匀，避免显示失真。

7）安全文明生产及注意事项

安全文明生产及注意事项如下：

① 在显点研刮时，工件不可超出标准平板太多，以免掉下而损坏工件；

② 刃磨时施加压力不能太大，刮刀应缓慢接近砂轮，避免刮刀颤动过大造成事故；

③ 刮刀柄要安装可靠，防止因刀柄破裂而使刮刀穿过柄端伤人；

④ 刮削工件边缘时，不可用力过猛，以免失控，发生事故；

⑤ 刮刀使用完毕后，刀头部位应该用纱布包裹，妥善放置；

⑥ 标准平板使用完毕后，须擦洗干净，并涂抹机油，妥善放置；

⑦ 正确合理地使用砂轮和油石，防止出现局部凹陷，降低使用寿命。

任务 9.2　曲面的刮削

1. 任务简析

通过曲面刮削练习，主要掌握曲面刮刀的热处理和刃磨方法，并掌握曲面刮削姿势和操作要领，对曲面刮削中产生的问题会分析、处理，特别是使用三角刮刀时，要注意安全操作要求。

同轴度 0.01 mm、平行度 0.01 mm 及 25 mm×25 mm 面积内 8～10 个研点等高标准精度要求，是练习的重点，要在练习中不断摸索，掌握动作要领和用力技巧，提高刮点的准确性，才能达到精度要求。

2. 相关实习图纸

曲面刮削练习图如图 9-13 所示。

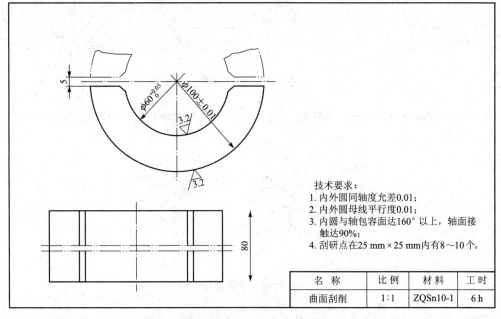

技术要求：
1. 内外圆同轴度允差0.01；
2. 内外圆母线平行度0.01；
3. 内圆与轴包容面达160°以上，轴面接触达90%；
4. 刮研点在25 mm×25 mm内有8～10个。

名　称	比例	材料	工时
曲面刮削	1:1	ZQSn10-1	6 h

图 9-13　曲面刮削练习图

3. 准备工作

1）材料准备

车加工，ϕ60 mm 留刮削余量，材料为 ZQSn10-1。

2）工具准备

三角刮刀、ϕ60 mm 标准轴、油石、机油、显示剂、毛刷等。

3）实训准备

领用工具并清点，了解工具的使用方法及要求。实训结束后，按照工具清单进行清点，完毕后交指导教师验收。复习有关理论知识，详细阅读实训指导说明书。

4. 相关工艺和原理

1）曲面刮刀的种类

曲面刮刀主要用来刮削内曲面，如滑动轴承的内孔等。曲面刮刀主要有三角刮刀、柳叶刮刀和蛇头刮刀三种，如图 9-14 所示。

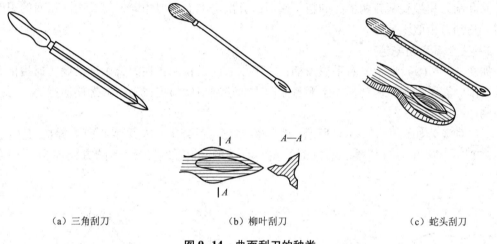

（a）三角刮刀　　　　　　　　（b）柳叶刮刀　　　　　　　　（c）蛇头刮刀

图 9-14　曲面刮刀的种类

2）曲面刮刀的刃磨

（1）三角刮刀的刃磨

粗、细磨刮刀在砂轮上进行，图 9-15 所示为三角刮刀的粗、细磨。

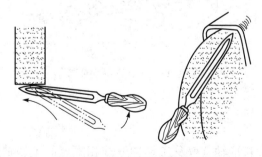

图 9-15　三角刮刀的粗、细磨

精磨刮刀在油石上进行。三角刮刀淬火后，用右手握柄，左手轻压切削刃，如图 9-16

（a）所示。使两切削刃边同时与油石接触，刮刀沿着油石长度方向来回移动，并按切削刃弧形做上下摆动，要求将三个弧形面全部刃磨光洁，刃口锋利。精磨时，刮刀断面与油石接触关系如图 9-16（b）所示。

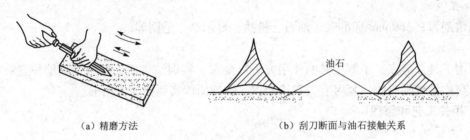

（a）精磨方法　　　　　　　　　　（b）刮刀断面与油石接触关系

图 9-16　三角刮刀的精磨

（2）其他两种刮刀的刃磨

柳叶刮刀和蛇头刮刀两平面的粗、精刃磨方法与平面刮刀相同，刀头两圆弧面的刃磨方法与三角刮刀相似。

3）内曲面刮削姿势

如图 9-17（a）所示，右手握刀柄，左手掌心向下且四指在刀身中部横握，拇指抵着刀身。刮削时右手做圆弧运动，左手顺着曲面方向使刮刀做前推或后拉的螺旋形运动，刀迹与曲面轴心线成 45°角。

另一种姿势如图 9-17（b）所示，刮刀柄搁在右手臂上，左手掌心向下握在刀身前端，右手掌心向上握在刀身后端。刮削时，左、右手的动作和刮刀运动的方向与上一种姿势一样。

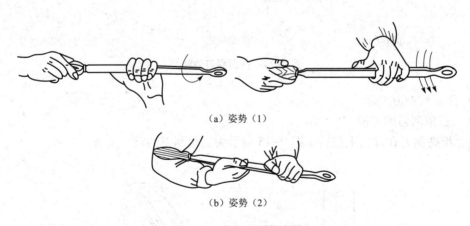

（a）姿势（1）

（b）姿势（2）

图 9-17　内曲面刮削姿势

4）内曲面刮削要点

（1）研点

内曲面刮削，一般以校准轴（又称工艺轴）或相配合的工作轴作为内圆面研点的校准工具。校准时，将显示剂涂在轴的圆周面上，使轴在内曲面上来回旋转，显示出研点，如图 9-18 所示，然后根据研点进行刮削。显示剂一般选用蓝油，精刮内曲面时可用蓝色或黑色油墨代替，使显点色泽分明，如图 9-19 所示。

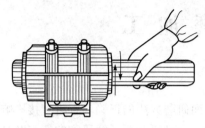

图 9-18　内曲面的研点方法

图 9-19　内曲面的显点

（2）曲面刮削的刮削角度

粗刮时前角大些，精刮时前角小些，蛇头刮刀的刮削是利用负前角进行刮削，如图 9-20 所示。

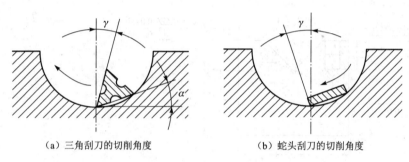

（a）三角刮刀的切削角度　　　　　（b）蛇头刮刀的切削角度

图 9-20　曲面刮削的刮削角度

（3）内孔刮削的精度检查

以 25 mm×25 mm 面积内研点数而定。由于孔的前端和后端磨损快，一般要求是中间研点可以少些，前、后端研点多些。

5）安全文明生产及注意事项

安全文明生产及注意事项如下：

① 曲面研点时应沿曲面做来回转动，精刮时转动弧长应小于 25 mm，不能沿轴线方向做直线研点；

② 粗刮时用力不可太大，防止发生抖动，产生振痕，同时控制加工余量，以保证细刮和精刮达到尺寸要求，并注意刮点的准确性；

③ 使用三角刮刀时要注意安全，防止伤人。

项目 10 研 磨 加 工

1. 任务简析

研磨是精密加工，研磨剂的正确选用和配制、平面研磨方法的正确与否将直接影响研磨质量，因此掌握正确的研磨方法是练习的重点。同时，通过研磨要了解研磨的特点及其使用的工具、材料，并能达到一定的精度和表面粗糙度等要求。

2. 相关实习图纸

研磨 V 形铁练习图如图 10-1 所示。

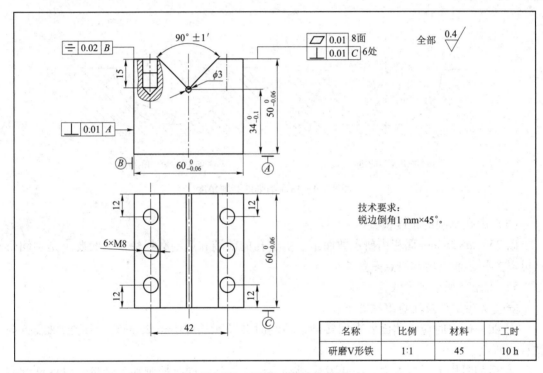

图 10-1 研磨 V 形铁练习图

3. 准备工作

1）材料准备

V 形铁组件，型号为 45。

2）工具准备

研磨平板、研磨剂、煤油、汽油、方铁导靠块。

3）量具准备

刀口直尺、万能角度尺、千分尺、刀口角尺、正弦规（宽型）、量块（83 块）、杠杆百分表及表架等。

4）实训准备

领用工量具并清点，了解工量具的使用方法及要求。实训结束后，按照工量具清单清点，完毕后交指导教师验收。复习有关理论知识，详细阅读实训指导说明书。

4. 相关工艺和原理

1）研磨工具和研磨剂

（1）研磨工具

平面研磨通常都采用标准平板，粗研磨时用有槽平板 ［见图 10-2（a）］，以避免过多的研磨剂浮在平板上，易使工件研平；精研磨时则用精密光滑平板，如图 10-2（b）所示。研具材料要比工件软，使磨料能嵌入研具而不嵌入工件内，常用的研具材料有灰铸铁、球墨铸铁（润滑性能好，耐磨，研磨效率较高，应用较广）、低碳钢（研磨螺纹和小直径工件）和铜（研磨余量大的工件）等。

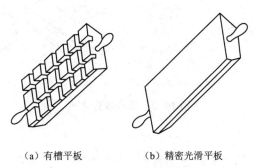

（a）有槽平板　　　　　（b）精密光滑平板

图 10-2　研磨平板

（2）研磨剂

研磨剂是由磨料和研磨液混合而成的一种混合剂。

① 磨料。

磨料的作用是研磨工件表面，其种类很多，根据工件材料和加工精度来选择。钢件或铸铁件粗研时，磨料选用刚玉或白色刚玉，精研时可用氧化铬。磨料粗细的选用原则如下：粗研磨时，若表面粗糙度 $Ra>0.2\ \mu m$，可用磨粉，粒度在 100～280 范围内选取；精研磨时，可用微粉，若表面粗糙度 Ra 为 0.2～0.1 μm，粒度可用 W40～W20；若 Ra 在 0.01～0.05 μm 之间，粒度可用 W14～W7；若 $Ra<0.05\ \mu m$，可用粒度 W5 以下。

② 研磨液。

研磨液在研磨过程中起调和磨料、润滑、冷却、促进工件表面氧化、加速研磨的作用。粗研磨钢件时研磨油可用煤油、汽油或机油，精研磨钢件时研磨油可用机油与煤油混合的混合液。

③ 研磨膏。

在磨料和研磨液中再加入适量的石蜡、蜂蜡等填料和黏性较大且氧化作用较强的油酸、脂肪酸等，即可配制成研磨膏。使用时须将研磨膏加机油稀释。研磨膏分粗、中、精三种，可按研磨精度的高低选用。

2）研磨要点

（1）研磨运动

为使工件达到理想的研磨效果，根据工件形状的不同，采用不同的研磨运动轨迹，如图 10-3 所示。

① 直线往复式。常用于研磨有台阶的狭长平面等，能获得较高的几何精度，如图 10-3 (a) 所示。

② 直线摆动式。用于研磨某些圆弧面，如样板角尺、双斜面直尺的圆弧测量面，如图 10-3 (b) 所示。

③ 螺旋式。用于研磨圆片或圆柱形工件的端面，能获得较好的表面粗糙度和平面度，如图 10-3 (c) 所示。

④ 8 字形或仿 8 字形式。常用于研磨小平面工件，如量规的测量面等，如图 10-3 (d) 所示。

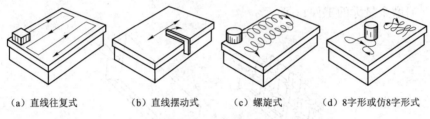

(a) 直线往复式　　　(b) 直线摆动式　　　(c) 螺旋式　　　(d) 8字形或仿8字形式

图 10-3　研磨运动轨迹

(2) 平面研磨方法

① 一般平面研磨。工件沿平板全部表面，按 8 字形、仿 8 字形或螺旋式运动轨迹进行研磨，如图 10-4 所示。

② 狭窄平面研磨。为防止研磨平面产生倾斜和圆角，研磨时用金属块做成导靠，采用直线研磨轨迹，如图 10-5 所示。

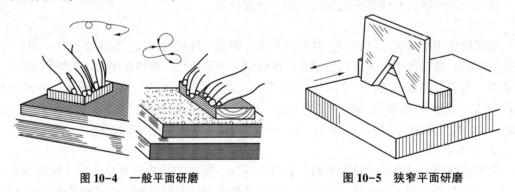

图 10-4　一般平面研磨　　　　　　　图 10-5　狭窄平面研磨

(3) 研磨时的上料方法

研磨时的上料方法有以下两种。

① 压嵌法。压嵌法有两种，其一用三块平板，在上面加上研磨剂，用原始研磨法轮换嵌砂，使砂粒均匀嵌入平板内，以进行研磨工作；其二用淬硬压棒将研磨剂均匀压入平板，以进行研磨工作。

② 涂敷法。研磨前将研磨剂涂敷在工件或研具上，其加工精度不如压嵌法高。

(4) 研磨速度和压力

研磨时，压力和速度对研磨效率和研磨质量有很大影响。压力太大，研磨切削量虽大，但表面粗糙度大，且容易把磨料压碎而使表面划出深痕。一般情况下，粗磨时压力可大些，精磨时压力应小些。速度也不应过快，否则会引起工件发热变形，尤其是研磨薄形工件和形状规则的工件时更应注意。一般情况下，粗研磨速度为 40～60 次/min，精研磨速度为 20～40 次/min。

3）研磨精度

通过研磨可获得高精度的尺寸、形位精度及较小的表面粗糙度，尺寸误差一般可控制在 0.001 mm 以内；锥度和圆度可控制在 0.001～0.002 mm 以内，表面粗糙度 $Ra<0.16\ \mu m$。

4）安全文明生产及注意事项

安全文明生产及注意事项如下：

① 粗、精研磨工作要分开进行，研磨剂每次上料不宜太多，要分布均匀，以免造成工件边缘研坏；

② 研磨时要特别注意清洁工作，不要使研磨剂中混入杂质，以免反复研磨时划伤工件表面；

③ 研磨窄平面要采用导靠块，研磨时使工件紧靠导靠块，保持研磨平面与侧面垂直，以避免工件产生倾斜和圆角；

④ 研磨工具与被研工件需要固定其一，否则会造成移动或晃动现象，甚至发生研具与工件损坏及伤人事故。

项目 11 锉 配 技 巧

任务 11.1 四方开口锉配

1. 任务简析

四方开口锉配是简单的锉配练习，目的是通过练习初步掌握四方锉配的方法，了解四方体误差对锉配精度的影响，掌握四方锉配的检验及修正方法，并能分析、处理四方锉配中产生的问题。加工中，尺寸、形位精度的控制是练习的重点。

2. 相关实习图纸

四方开口锉配练习图如图 11-1 所示。

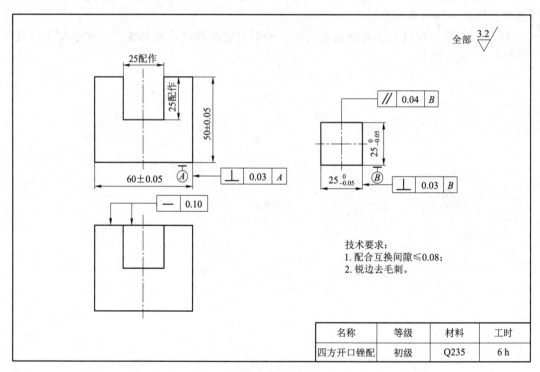

图 11-1 四方开口锉配练习图

3. 准备工作

1）材料准备

80 mm×61 mm×10 mm 的 Q235 钢板，两平面磨削加工。

2）工具、量具、刃具准备

四方开口锉配练习需要的工具、量具、刃具见表 11-1。

表 11-1 四方开口锉配练习的工具、量具、刃具

名称	规格	精度（读数值）	数量	名称	规格	精度（读数值）	数量
高度划线尺	0～300 mm	0.02 mm	1	锉刀	250 mm	1 号纹	1
游标卡尺	0～150 mm	0.02 mm	1		200 mm	2 号纹	1
千分尺	0～25 mm	0.01 mm	1		150 mm	3 号纹	1
	25～50 mm	0.01 mm	1	方锉	10 mm×10 mm	2 号纹	1
刀口角尺	100 mm×63 mm	0 级	1	锯弓			1
塞尺	0.02～0.50 mm		1	锯条			若干
钻头	φ5 mm		1	划线工具			1 套
	φ12 mm		1	软钳口			1 副
整形锉	φ5 mm		1 套	铜丝刷			1
手锤			1				

3）实训准备

领用工具、量具、刃具并清点，了解它们的使用方法及要求。实训结束后，按照表 11-1 所列清单清点，完毕后交指导教师验收。复习有关理论知识，详细阅读实训指导说明书。

4. 相关工艺和原理

1）锉配方法

用锉削加工方法，使两个互配零件达到规定的配合要求，这种加工方法称为锉配，也叫镶嵌、镶配。

（1）四方体锉配方法

① 锉配时，由于外表面比内表面容易加工和测量，易于达到较高精度要求。因此，一般先加工凸件，后锉配凹件。本任务中应先锉准外四方体，再锉配内四方体。

② 内表面加工时，为了便于控制，一般均应选择有关外表面作为测量基准。因此，内四方体外形基准面加工时，必须达到较高的精度要求。

③ 凹形体内表面间的垂直度无法直接测量，可采用自制内直角样板检测，如图 11-2 所示。此外，内直角样板还可以用来检测内表面直线度。

④ 锉削内四方体时，为获得内棱倾角，锉刀一侧棱边必须修磨至略小于 90°。锉削时，修磨边紧靠内棱角进行直锉。

（2）四方体形位误差对锉配的影响

① 尺寸误差对锉配的影响。

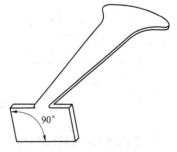

图 11-2 内直角样板

如图 11-3（a）所示，若四方体的一组尺寸加工至 25 mm，另一组尺寸加工至 24.95 mm，认向锉配在一个位置可得到零间隙，但在转位 90° 后，如图 11-3（b）所示，则出现一组尺寸存在 0.05 mm 间隙，另一组尺寸出现错位量误差，做修整配入后，配合面间引起间隙扩大，其值为 0.05 mm。

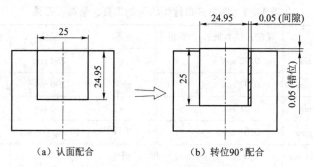

图 11-3　尺寸误差对锉配的影响

② 垂直度误差对锉配的影响。

如图 11-4 所示，当四方体的一面有垂直度误差，且在一个位置锉配后得到零间隙，则在转位 180°做配入修整后，产生附加间隙 Δ，将使内四方体的四方形面变成平行四边形。

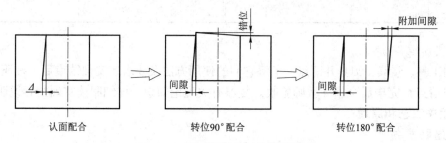

图 11-4　垂直度误差对锉配的影响

③ 平行度误差对锉配的影响。

如图 11-5 所示，当四方体有平行度误差时，在一个位置锉配后能得到零间隙，可在转位 90°或 180°做配入修整后，使内四方体小尺寸处产生间隙 Δ_1 和 Δ_2。

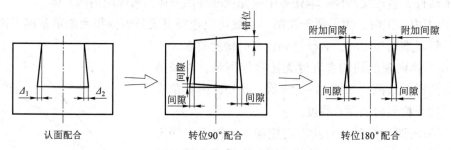

图 11-5　平行度误差对锉配的影响

④ 平面度误差对锉配的影响。

当四方体加工面出现平面度误差后，将使四方体出现局部间隙或喇叭口。

2）加工要点

① 凸件是基准，尺寸、形位误差应控制在最小范围内，尺寸尽量加工至上限，锉配时有修整的余地。

② 凹形体外形基准面要相互垂直，以保证划线的准确性及锉配时有较好的测量基准。

③ 锉配部位的确定,应在涂色或透光检查后再从整体情况考虑,避免造成局部间隙过大。

④ 修锉凹形体倾角时,锉刀一定要修磨好,用力要掌握好,防止修成圆角或锉坏相邻面。

⑤ 试配过程中,不能用锤头敲击,退出时也不能用锤头直接敲击,以免将配合面咬毛、使配合面变形或敲毛表面。

任务 11.2 凹凸盲配

1. 任务简析

凹凸盲配是具有对称度要求的典型课题,对锉削的技能及测量要求较高。通过本任务练习,主要掌握具有对称度要求的工件划线和加工方法,初步掌握具有对称度要求的工件测量方法,特别是会根据工件的具体加工情况进行间接尺寸的计算和测量,为以后的锉配打下必要的基础。

2. 相关实习图纸

凹凸盲配练习图如图 11-6 所示。

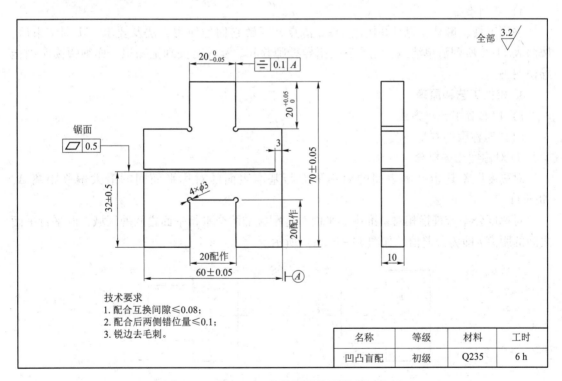

图 11-6 凹凸盲配练习图

3. 准备工作

1)材料准备

71 mm×61 mm×10 mm,两平面磨削加工,材料为 Q235。

2）工具、量具、刃具准备

凹凸盲配练习的工具、量具、刃具见表 11-2。

表 11-2 凹凸盲配练习的工具、量具、刃具

名称	规格	精度（读数值）	数量	名称	规格	精度（读数值）	数量
高度划线尺	0～300 mm	0.02 mm	1		250 mm	1 号纹	1
游标卡尺	0～150 mm	0.02 mm	1	锉刀	200 mm	2 号纹	1
千分尺	0～25 mm	0.01 mm	1		150 mm	3 号纹	1
	25～50 mm	0.01 mm	1	方锉	10 mm×10 mm	2 号纹	1
	50～75 mm	0.01 mm	1	整形锉	φ5 mm		1 套
刀口角尺	100 mm×63 mm	0 级	1	锯弓			1
塞尺	0.02～0.50 mm		1	锯条			若干
钻头	φ3 mm		1	划线工具			1 套
	φ12 mm		1	软钳口			1 副
手锤			1	铜丝刷			1

3）实训准备

领用工具、量具、刃具并按表 11-2 清点，了解它们的使用方法及要求。实训结束后，按照表 11-2 所列清单清点，完毕后交指导教师验收。复习有关理论知识，详细阅读实训指导说明书。

4. 相关工艺和原理

1）凹凸盲配锉配方法

（1）对称度的测量

① 对称度相关概念。

对称度误差是指被测表面的对称平面与基准表面的对称平面间的最大偏移距离 Δ，如图 11-7（a）所示。

对称度公差带是指相对基准中心平面对称配置的两个平行平面之间的区域，两平行平面之间的距离 t 即为公差值，如图 11-7（b）所示。

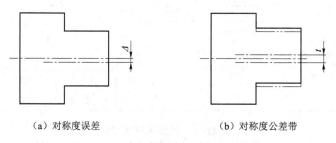

（a）对称度误差　　　　（b）对称度公差带

图 11-7 对称度误差与对称度公差带

② 对称度测量方法。

测量被测表面与基准表面的尺寸 A 和 B，其差值之半即为对称度误差值 Δ，如图 11-8 所示。

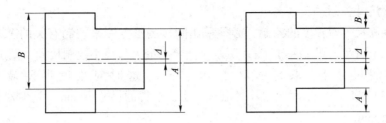

图 11-8　对称度测量方法

③ 对称形体工件的划线。

平面对称形体工件的划线，应在形成对称中心平面的两个基准面精加工后进行。划线基准与两基准面重合，划线尺寸则按两个对称基准平面间的实际尺寸及对称要素的要求尺寸计算得出。

（2）对称度误差对转位互换精度的影响

当凹、凸件都有对称度误差 0.05 mm，且在一个同方向位置配合达到间隙要求后，得到两侧面平齐，而转位 180° 配合后，就会产生两侧面错位误差，其误差值为 0.1 mm，如图 11-9 所示。

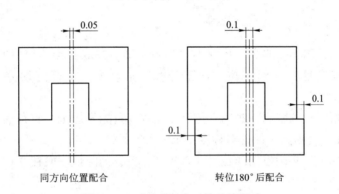

同方向位置配合　　　　　　　转位180°后配合

图 11-9　对称度误差对转位的影响

（3）垂直度误差对配合间隙的影响

由于凹、凸件各面的加工以外形为测量基准，因此外形垂直度要控制在最小范围内。同时，为保证配合互换精度，凹、凸件各型面间也要控制好垂直度误差，包括与大平面的垂直度，否则互换配合后就会出现很大的间隙，示例如图 11-10 所示。

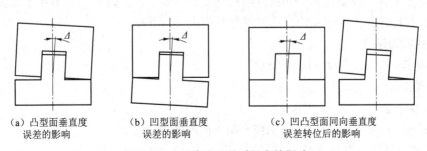

（a）凸型面垂直度　　（b）凹型面垂直度　　（c）凹凸型面同向垂直度
　误差的影响　　　　　误差的影响　　　　　误差转位后的影响

图 11-10　垂直度误差对配合的影响

（4）间接尺寸控制

凸台 20 mm 尺寸对称度的控制，必须采用间接测量方法来控制有关的工艺尺寸，具体说明如图 11-11 所示。图 11-11（a）所示为凸台的最大与最小控制尺寸；图 11-11（b）所示为最大控制尺寸下，取得的尺寸 19.95 mm，这时对称度误差最大左偏值为 0.05 mm；图 11-11（c）所示为最小控制尺寸下，取得的尺寸 20 mm，这时对称度误差最大右偏值为 0.05 mm。

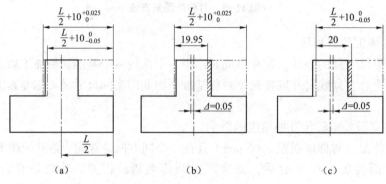

图 11-11　间接尺寸控制

2）加工要点

① 外形 60 mm、70 mm 的实际尺寸测量必须正确，并取各点实测值的平均数值。外形加工时，尺寸公差尽量控制到零位，便于计算；垂直度、平行度误差应控制在最小范围内。

② 由于受测量工具的限制，20 mm 凸台加工时，只能先加工一直角面，至要求尺寸后，再加工另一直角面，否则无法保证对称度要求。

③ 凹形面的加工，必须根据凸台尺寸来控制公差，间隙值一般在 0.05 mm 左右。

任务 11.3　单燕尾锉配

1. 任务简析

通过单燕尾锉配练习，初步掌握角度锉配和误差的检查方法，了解影响角度锉配精度的因素，掌握用圆柱间接测量来保证角度尺寸的方法。

单燕尾锉配练习的重点是尺寸精度的控制及配合要求的保证，只有不断地掌握、积累锉配经验，提高操作技能，才能为以后的锉配打下坚实的基础。

2. 相关实习图纸

单燕尾锉配练习图如图 11-12 所示。

3. 准备工作

1）材料准备

80 mm×61 mm×10 mm 的 Q235 钢板，两平面磨削加工。

2）工具、量具、刃具准备

单燕尾锉配练习的工具、量具、刃具见表 11-3。

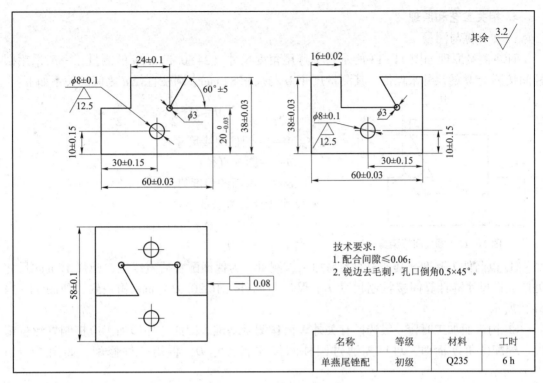

图 11-12 单燕尾锉配练习图

名称	等级	材料	工时
单燕尾锉配	初级	Q235	6 h

技术要求：
1. 配合间隙≤0.06；
2. 锐边去毛刺，孔口倒角0.5×45°。

3）实训准备

领用工具、量具、刃量并清点，了解它们的使用方法及要求。实训结束后，按照表 11-3 所列清单清点，完毕后交指导教师验收。复习有关理论知识，详细阅读实训指导说明书。

表 11-3 单燕尾锉配练习的工具、量具、刃具

名称	规格	精度（读数值）	数量	名称	规格	精度（读数值）	数量
高度划线尺	0～300 mm	0.02 mm	1		250 mm	1 号纹	1
游标卡尺	0～150 mm	0.02 mm	1	锉刀	200 mm	2、3 号纹	各1
千分尺	0～25 mm	0.01 mm	1		150 mm	3 号纹	1
	25～50 mm	0.01 mm	1	三角锉	150 mm	2、3 号纹	各1
	50～75 mm	0.01 mm	1	整形锉	ϕ5 mm		1 套
万能角度尺	0°～320°	2′	1	划线靠铁			1
刀口角尺	1 mm×63 mm	0 级	1	锯弓			1
塞尺	0.02～0.50 mm		1	锯条			1
钻头	ϕ3 mm		1	手锤			1
	ϕ8 mm		1	划线工具			1 套
	ϕ12 mm		1	软钳口			1 副
测量圆柱	ϕ10 mm×15 mm	h6	1	铜丝刷			1

4. 相关工艺和原理

（1）计算与测量

计算测量原理如图 11-13 所示。单燕尾角度尺寸（24±0.1）mm 的测量，一般采用圆柱间接测量 M 的尺寸来保证，其测量尺寸 M 与尺寸 24 mm、圆柱直径 d 之间的关系如下：

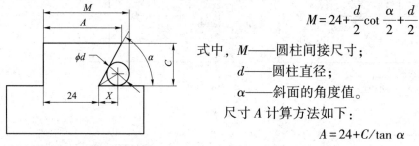

$$M = 24 + \frac{d}{2}\cot\frac{\alpha}{2} + \frac{d}{2}$$

式中，M——圆柱间接尺寸；

d——圆柱直径；

α——斜面的角度值。

尺寸 A 计算方法如下：

$$A = 24 + C/\tan\alpha$$

图 11-13 圆柱间接测量

（2）锉配方法

① 以凸件为基准，其外表面容易加工、测量。为保证配合后直线度，凸件 16 mm 尺寸处应通过尺寸链计算间接控制尺寸 B，保证与凹件（16±0.03）mm 相一致，如图 11-14（a）所示。

② 内表面加工时，一般选择有关外表面作测量基准。因此，外形加工应控制好形位精度。锉配内角度面时，可以先通过圆柱间接控制尺寸 D，再用凸件修配，如图 11-14（b）所示。

③ 加工 60°角度面时，三角锉一边要修磨至小于 60°，防止锉削时碰坏相邻面。

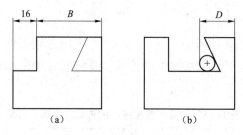

（a）　　　　　　　　　（b）

图 11-14 单燕尾锉配方法

任务 11.4　六角开口锉配

1. 任务简析

通过本任务练习进一步掌握六角加工方法，特别是用长方体材料来加工六角的方法。同时，掌握六角锉配方法，会分析、处理六角锉配中产生的问题，熟练掌握圆柱间接测量方法。练习的重点是六角测量方法和锉配方法。

2. 相关实习图纸

六角开口锉配练习图如图 11-15 所示。

3. 准备工作

1）材料准备

91 mm×61 mm×10 mm 的 Q235 钢板，两平面磨削加工。

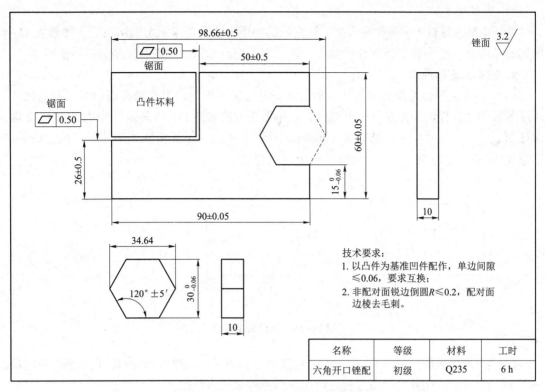

图 11-15 六角开口锉配练习图

2）工具、量具、刃具准备

六角开口锉配练习的工具、量具、刃具见表 11-4。

表 11-4 六角开口锉配练习的工具、量具、刃具

名称	规格	精度（读数值）	数量	名称	规格	精度（读数值）	数量
高度划线尺	0～300 mm	0.02 mm	1		250 mm	1 号纹	1
游标卡尺	0～150 mm	0.02 mm	1	锉刀	200 mm	2、3 号纹	各 1
千分尺	0～25 mm	0.01 mm	1		150 mm	3 号纹	1
	25～50 mm	0.01 mm	1	三角锉	150 mm	2、3 号纹	各 1
	50～75 mm	0.01 mm	1	整形锉	φ5 mm		1 套
	75～100 mm	0.01 mm	1	划线靠铁			1 副
万能角度尺	0°～320°	2′	1	锯弓			1
刀口角尺	100 mm×63 mm	0 级	1	锯条			1
塞尺	0.02～0.05 mm		1	手锤			1
钻头	φ3 mm		1	划线工具			1 套
	φ12 mm		1	软钳口			1 副
测量圆柱	φ10 mm×15 mm	h6	1	铜丝刷			1

3）实训准备

领用工具、量具、刃具并清点，了解它们的使用方法及要求。实训结束后，按照表11-4所列清单清点，完毕后交指导教师验收。复习有关理论知识，详细阅读实训指导说明书。

4. 相关工艺和原理

（1）为保证配合互换要求，外六角加工一定要保证正六边形要求，即边长、对边尺寸、角度等要相等且控制误差在最小范围内，六角加工方法如图11-16所示。先加工第1、2面，保证$30_{-0.06}^{0}$ mm 尺寸精度，再划线，同时加工第3、4面，保证角度和圆柱间接尺，最后加工第5、6面，保证$30_{-0.06}^{0}$ mm 尺寸，且角度相等。

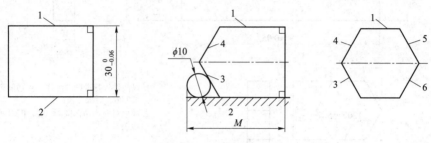

图 11-16　六角加工方法

（2）内六角表面间的 120°角度无法直接测量，可采用自制 120°内角样板来检测内角，如图 11-17 所示。此外，内角样板还可用来检测内表面直线度。

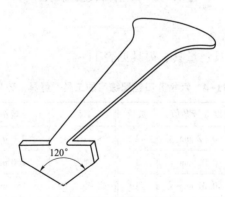

图 11-17　120°内角样板

（3）内六角锉配时，可用两种方法：第一种方法是按四方锉配方法，先加工一组对面，再依次加工另外两组对面，最后做整体修锉配入；第二种方法是先配锉内六角三个相邻面，用 120°角度样板及外六角检查三面的 120°角度、边长的准确性，再锉配三面的对面，最后做整体修锉配入。

（4）内六角锉削时要保证内平面横向平直及与大平面的垂直，同时保证棱线直且清晰。锉配时，先认面定向锉配，达到认面配合要求后，再做转位互换修整。一定要从整体上考虑修整部位，不可盲目修整，造成局部间隙增大。

项目 12　立 体 划 线

1. 任务简析

通过轴承座的立体划线练习，能利用 V 形铁、千斤顶和直角铁等在划线平台上正确安放、找正工件，并能合理确定工件的找正基准和尺寸基准，进行立体划线。在划线中，能对有缺陷的毛坯进行合理的借料，做到划线操作方法正确、划线线条清晰、尺寸准确及冲点分布合理。

2. 相关实习图纸

轴承座划线图如图 12-1 所示。

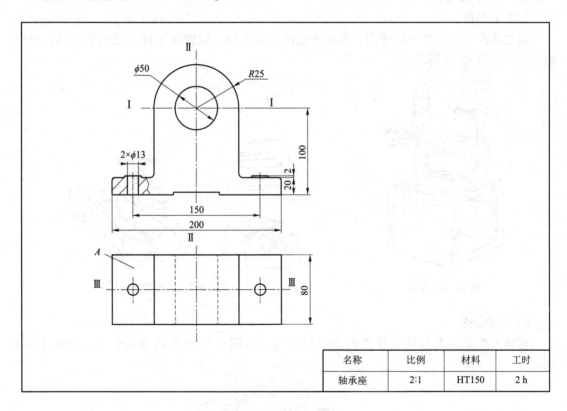

名称	比例	材料	工时
轴承座	2:1	HT150	2 h

图 12-1　轴承座划线图

3. 准备工作

1）材料准备

轴承座坯料（可根据实习情况予以选取）。

2）工具准备

划线盘、V 形铁、方箱、直角铁、千斤顶、划规、样冲、手锤、锉刀、石灰水、铜丝刷等。

3）量具准备

钢皮尺、角尺、万能角度尺、游标卡尺、高度划线尺等。

4）实训准备

领用工量具并清点，了解工量具的使用方法及要求。实训结束后，按照工量具清单清点，完毕后交指导教师验收。复习有关理论知识，详细阅读实训指导说明书。

4. 相关工艺和原理

1）立体划线的工具及使用

同时在工件的几个不同表面上划出加工界线，叫作立体划线。除一般平面划线工具和前面已使用过的划线盘和高度划线尺以外，还有下列几种划线工具。

（1）方箱

方箱是用于夹持工件并能翻转位置而划出垂直线的工具。方箱一般附有夹持装置，制有V形槽，如图12-2所示。

（2）V形铁

通常是两个V形铁一起使用，用来安放圆柱形工件，以便在工件上划出中心线、找出中心等，如图12-3所示。

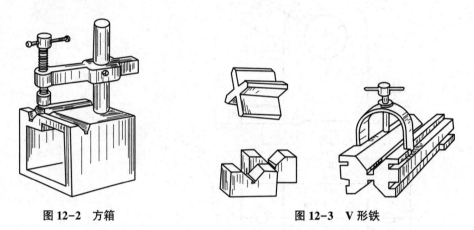

图12-2　方箱　　　　　　　　　　　图12-3　V形铁

（3）直角铁

可将工件夹在直角铁的垂直面上进行划线，可用C形夹头或压板装夹，如图12-4所示。

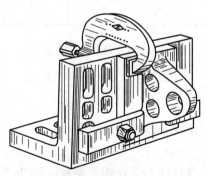

图12-4　直角铁

（4）调节支承工具

① 锥顶千斤顶：通常是三个一组，用于支承不规则的工件，其支承高度可做一定调整，如图 12-5 所示。

② 带 V 形铁的千斤顶：用于支承工件的圆柱面，如图 12-6 所示。

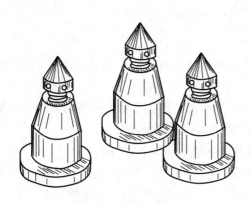

图 12-5　锥顶千斤顶

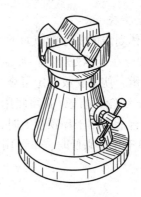

图 12-6　带 V 形铁的千斤顶

③ 斜模垫铁和 V 形垫铁：用于支承毛坯工件，使用方便，但只能做少量的高度调节，斜模垫铁如图 12-7 所示，V 形垫铁如图 12-8 所示。

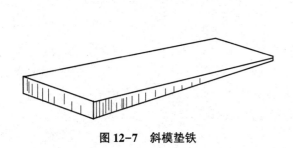

图 12-7　斜模垫铁

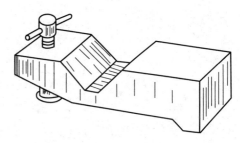

图 12-8　V 形垫铁

2）划线时工件的放置与找正基准的确定方法

① 选择工件上与加工部位有关而且比较直观的面（如凸台、对称中心和非加工的自由表面等）作为找正基准，使非加工面与加工面之间厚度均匀，并使其形状误差反映在次要部位或不显著部位。

② 选择有装配关系的非加工部位作找正基准，以保证工件经划线和加工后能顺利进行装配。

③ 在多数情况下，还必须有一个与划线平台垂直或斜交的找正基准，以保证该位置上的非加工面与加工面之间的厚度均匀。

3）划线步骤的确定

划线前，必须先确定各个划线表面的先后划线顺序及各位置的尺寸基准线。尺寸基准的选择原则有以下几点：

① 应与图样所用基准（设计基准）一致，以便能直接量取划线尺寸，避免因尺寸间的换算而增加划线误差。

② 以精度高且加工余量少的型面作为尺寸基准，以保证主要型面的顺利加工和便于安排其他型面的加工位置。

③ 当毛坯在尺寸、形状和位置上存在误差和缺陷时，可将所选的尺寸基准位置进行必要的调整——划线借料，使各加工面都有必要的加工余量，并使其误差和缺陷能在加工后排除。

4）安全措施

工件立体划线的安全措施如下：

① 工件应在支承处打好样冲点，使工件稳固地放在支承上，防止倾倒。对较大工件，应加附加支承，使之安放稳定可靠。

② 对较大工件划线，必须使用吊车吊运时，绳索应安全可靠，吊装的方法应正确。大工件放在平台上，用千斤顶顶上时，工件下应垫上木块，以保证安全。

③ 调整千斤顶高低时，不可用手直接调节，以防工件掉下砸伤手。

项目 13 钳工技能考级训练

考级训练 1 梯形样板副制作

1. 考级训练用图纸

考级训练用图纸如图 13-1 所示。

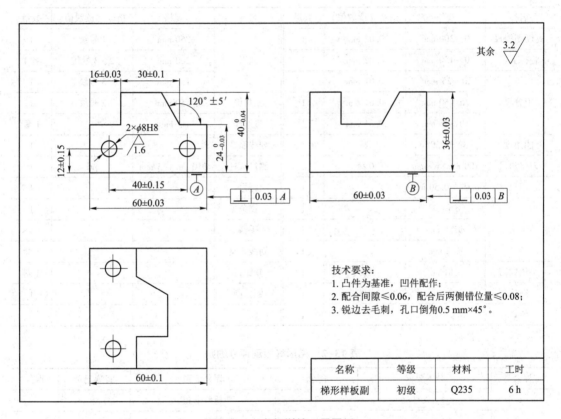

技术要求：
1. 凸件为基准，凹件配作；
2. 配合间隙≤0.06，配合后两侧错位量≤0.08；
3. 锐边去毛刺，孔口倒角0.5 mm×45°。

名称	等级	材料	工时
梯形样板副	初级	Q235	6 h

图 13-1 考级训练 1 用图纸

2. 考前准备

1）备料

备料图如图 13-2 所示。

2）工具、量具、刃具准备

工具、量具、刃具准备清单如表 13-1 所示。

3. 评分细则

梯形样板副评分细则如表 13-2 所示。

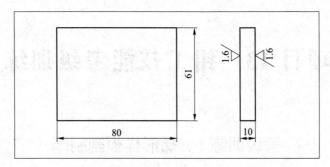

图 13-2   备料图（考级训练 1）

表 13-1   工具、量具、刃具准备清单

名称	规格	精度（读数值）	数量	名称	规格	精度（读数值）	数量
高度划线尺	0～300 mm	0.02 mm	1		250 mm	1 号纹	1
游标卡尺	0～150 mm	0.02 mm	1	锉刀	200 mm	2、3 号纹	各 1
千分尺	0～25 mm	0.01 mm	1		150 mm	3 号纹	1
	25～50 mm	0.01 mm	1	三角锉	150 mm	2 号纹	1
	50～75 mm	0.01 mm	1	整形锉	ϕ5 mm		1 套
万能角度尺	0°～320°	2′	1	划线靠铁			1
刀口角尺	100 mm×63 mm	0 级	1	测量圆柱	ϕ10 mm×15 mm	h6	1
塞尺	0.02～0.50 mm		1	锯弓			1
钻头	ϕ6 mm		1	锯条			1
	ϕ7.8 mm		1	手锤			1
	ϕ12 mm		1	划线工具			1 套
手用铰刀	ϕ8 mm	H8	1	软钳口			1 副
塞规	ϕ8 mm	H8	1	铜丝刷			1
铰杠			1				

表 13-2   梯形样板副评分细则

序号		技术要求	配分	评分细则	实测记录	得分
凹件	1	⊥ 0.03 B	3	超差全扣		
	2	(60±0.03) mm	5	超差全扣		
	3	(36±0.03) mm	5	超差全扣		
	4	Ra3.2	8	超差全扣		
凸件	5	⊥ 0.03 A	3	超差全扣		
	6	(30±0.1) mm	4	超差全扣		
	7	(40±0.15) mm	4	超差全扣		
	8	120°±5′	5	超差全扣		
	9	(60±0.03) mm	5	超差全扣		
	10	$40_{-0.04}^{0}$ mm	5	超差全扣		

序号		技术要求	配分	评分细则	实测记录	得分
凸件	11	(16±0.03) mm	6	超差全扣		
	12	(12±0.15) mm	4 (2×2)	每超一处扣 2 分		
	13	$24_{-0.04}^{0}$ mm	8 (4×2)	每超一处扣 4 分		
	14	孔 ϕ8H8、Ra1.6	4 (1×2+1×2)	每超一处扣 1 分		
	15	Ra3.2	8 (1×8)	每超一处扣 1 分		
配合	16	错位量≤0.08 mm	6	超差全扣		
	17	(60±0.1) mm	2	超差全扣		
	18	配合间隙≤0.06 mm	15 (3×5)	每超一处扣 3 分		
	19	安全文明生产	0	违者每次扣 2 分，严重者扣 5～10 分		

考级训练 2　燕尾圆弧镶配

1. 考级训练用图纸

考级训练用图纸如图 13-3 所示。

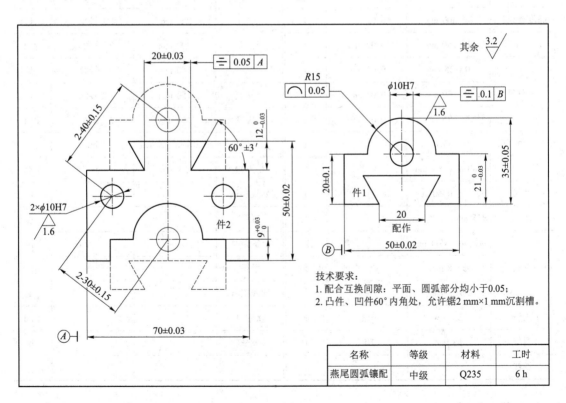

图 13-3　考级训练 2 用图纸

2. 考前准备

1）备料

备料图如图 13-4 所示。

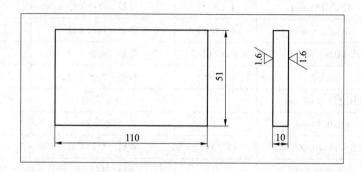

图 13-4　备料图（考级训练 2）

2）工具、量具、刃具准备清单

工具、量具、刃具准备清单如表 13-3 所示。

表 13-3　工具、量具、刃具准备清单

名称	规格	精度（读数值）	数量	名称	规格	精度（读数值）	数量
高度划线尺	0～300 mm	0.02 mm	1		250 mm	1 号纹	1
游标卡尺	0～150 mm	0.02 mm	1	锉刀	200 mm	2、3 号纹	各 1
千分尺	0～25 mm	0.01 mm	1		150 mm	3 号纹	1
	25～50 mm	0.01 mm	1	三角锉	150 mm	2 号纹	1
	50～75 mm	0.01 mm	1	半圆锉	150 mm	2、3 号纹	各 1
万能角度尺	0°～320°	2′	1	测量圆柱	ϕ10 mm×15 mm	h6	2
刀口角尺	100 mm×63 mm	0 级	1	整形锉	ϕ5 mm		1 套
塞尺	0.02～0.50 mm		1	划线靠铁			1
R 规	R15 mm～R25 mm		1	锯弓			1
钻头	ϕ4 mm、ϕ11 mm		各 1	锯条			1
	ϕ7.8 mm		1	手锤			1
	ϕ12 mm		1	划线工具			1 套
手用铰刀	ϕ8 mm	H8	1	软钳口			1 副
塞规	ϕ8 mm	H8	1	铜丝刷			1
铰杠			1				

3. 评分细则

燕尾圆弧镶配评分细则如表 13-4 所示。

表 13-4　燕尾圆弧镶配评分细则

	序号	技术要求	配分	评分细则	实测记录	得分
件1	1	(35±0.05) mm	2	超差全扣		
	2	(20±0.1) mm	2	超差全扣		
	3	$\boxed{= \| 0.10 \| B}$	2	超差全扣		
	4	$21_{-0.03}^{0}$ mm	4	超差全扣		
	5	$\boxed{\frown \| 0.05}$	4	超差全扣		
	6	(50±0.02) mm	4	超差全扣		
	7	孔 ϕ10H7、Ra1.6	2（1+1）	每超一处扣 1 分		
	8	Ra3.2	4（0.5×8）	每超一处扣 0.5 分		
件2	9	(70±0.03) mm	4	超差全扣		
	10	(50±0.02) mm	4	超差全扣		
	11	(20±0.03) mm	4	超差全扣		
	12	$9_{0}^{+0.03}$ mm	4	超差全扣		
	13	$\boxed{= \| 0.05 \| A}$	4	超差全扣		
	14	60°±3′	6（3×2）	每超一处扣 3 分		
	15	$12_{-0.03}^{0}$ mm	8（4×2）	每超一处扣 4 分		
	16	孔 ϕ10H7、Ra1.6	4（1×2+1×2）	每超一处扣 1 分		
	17	Ra3.2	6（0.5×12）	每超一处扣 0.5 分		
配合	18	燕尾配合，间隙≤0.05 mm	10（2×5）	每超一处扣 2 分		
	19	燕尾配合（40±0.15）mm	6（3×2）	每超一处扣 3 分		
	20	圆弧配合，间隙≤0.05 mm	10（2×5）	每超一处扣 2 分		
	21	圆弧配合（30±0.15）mm	6（3×2）	每超一处扣 3 分		
	22	安全文明生产	0	违者每次扣 2 分，严重者扣 5～10 分		

考级训练 3　凸台斜边锉配

1. 考级训练用图纸

考级训练用图纸如图 13-5 所示。

2. 考前准备

1）备料

备料图如图 13-6 所示。

2）工具、量具、刃具准备

工具、量具、刃具准备清单如表 13-5 所示。

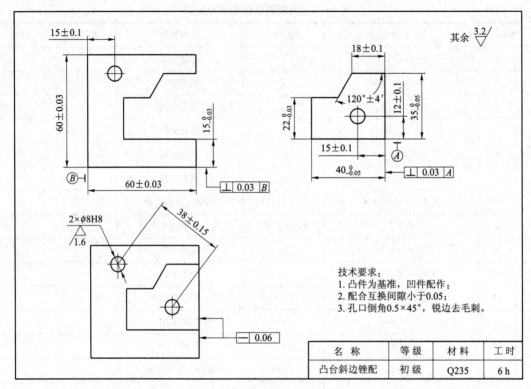

图 13-5　考级训练 3 用图纸

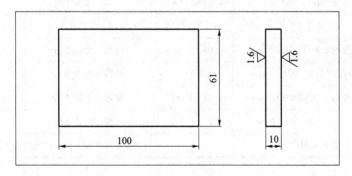

图 13-6　备料图（考级训练 3）

表 13-5　工具、量具、刃具准备清单

名称	规格	精度（读数值）	数量	名称	规格	精度（读数值）	数量
高度划线尺	0～300 mm	0.02 mm	1		250 mm	1 号纹	1
游标卡尺	0～150 mm	0.02 mm	1	锉刀	200 mm	2、3 号纹	各 1
千分尺	0～25 mm	0.01 mm	1		150 mm	3 号纹	1
	25～50 mm	0.01 mm	1	三角锉	150 mm	2 号纹	1
	50～75 mm	0.01 mm	1	整形锉	φ5 mm		1 套
万能角度尺	0°～320°	2′	1	划线靠铁			1

续表

名称	规格	精度（读数值）	数量	名称	规格	精度（读数值）	数量
刀口角尺	100 mm×63 mm	0 级	1	测量圆柱	φ10 mm×15 mm	h6	1
塞尺	0.02～0.50 mm		1	锯弓			1
钻头	φ6 mm		1	锯条			1
	φ7.8 mm		1	手锤			1
	φ12 mm		1	划线工具			1 套
手用铰刀	φ8 mm	H8	1	软钳口			1 副
塞规	φ8 mm	H8	1	铜丝刷			1
铰杠			1				

3. 评分细则

凸台斜边锉配评分细则如表 13-6 所示。

表 13-6 凸台斜边锉配评分细则

序号		技术要求	配分	评分细则	实测记录	得分
凹件	1	⊥ 0.03 B	3	超差全扣		
	2	(15±0.1) mm	5	超差全扣		
	3	$15_{-0.03}^{0}$ mm	6	超差全扣		
	4	(60±0.03) mm	10 (5×2)	每超一处扣 5 分		
	5	Ra3.2	10 (1×10)	每超一处扣 1 分		
凸件	6	(15±0.10) mm	2	超差全扣		
	7	(12±0.10) mm	2	超差全扣		
	8	(18±0.1) mm	2	超差全扣		
	9	⊥ 0.03 A	3	超差全扣		
	10	$40_{-0.05}^{0}$ mm	5	超差全扣		
	11	$35_{-0.05}^{0}$ mm	5	超差全扣		
	12	$22_{-0.03}^{0}$ mm	6	超差全扣		
	13	120°±4′	6	超差全扣		
	14	孔 φ8H8、Ra1.6	4 (1×2+1×2)	每超一处扣 1 分		
	15	Ra3.2	6 (1×6)	每超一处扣 1 分		
配合	16	(38±0.15) mm	4	超差全扣		
	17	— 0.06	6	超差全扣		
	18	间隙<0.05 mm	15 (3×5)	每超一处扣 3 分		
	19	安全文明生产	0	违者每次扣 2 分，严重者扣 5～10 分		

考级训练4 V形开口配

1. 考级训练用图纸

考级训练用图纸如图 13-7 所示。

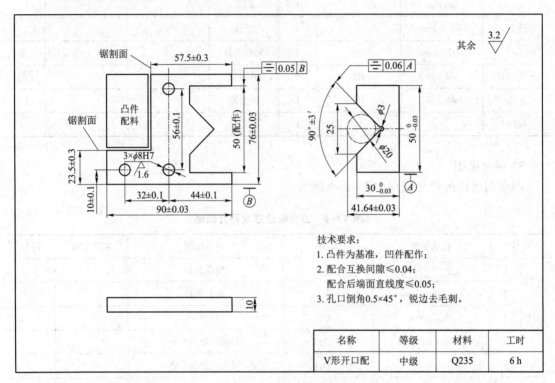

图 13-7 考级训练 4 用图纸

2. 考前准备

1) 备料

备料图如图 13-8 所示。

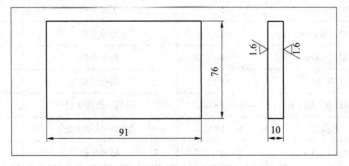

图 13-8 备料图（考级训练 4）

2) 工具、量具、刃具准备

工具、量具、刃具准备清单如表 13-7 所示。

表 13-7　工具、量具、刃具准备清单

名称	规格	精度（读数值）	数量	名称	规格	精度（读数值）	数量
高度划线尺	0～300 mm	0.02 mm	1	锉刀	250 mm	1 号纹	1
游标卡尺	0～150 mm	0.02 mm	1		200 mm	2、3 号纹	各 1
千分尺	0～25 mm	0.01 mm	1		150 mm	3 号纹	1
	25～50 mm	0.01 mm	1	三角锉	150 mm	2 号纹	1
	50～75 mm	0.01 mm	1	整形锉	ϕ5 mm		1 套
	75～100 mm	0.01 mm	1	测量圆柱	ϕ20 mm×15 mm	h6	1
万能角度尺	0°～320°	2′	1	V 形铁	中号	1 级	1
刀口角尺	100 mm×63 mm	0 级	1	锯弓			1
塞尺	0.02～0.50 mm		1	锯条			1
钻头	ϕ6 mm		1	手锤			1
	ϕ7.8 mm		1	划线工具			1 套
	ϕ12 mm		1	软钳口			1 副
手用铰刀	ϕ8 mm	H7	1	铜丝刷			1
塞规	ϕ8 mm	H7	1	铰杠			1

3. 评分细则

V 形开口配评分细则如表 13-8 所示。

表 13-8　V 形开口配评分细则

序号		技术要求	配分	评分细则	实测记录	得分
凹件	1	(56±0.1) mm	2	超差全扣		
	2	(32±0.1) mm	2	超差全扣		
	3	(23.5±0.3) mm	2	超差全扣		
	4	(57.5±0.3) mm	2	超差全扣		
	5	(90±0.03) mm	5	超差全扣		
	6	(76±0.03) mm	5	超差全扣		
	7	⊥ 0.05 B	5	超差全扣		
	8	Ra3.2	5 (0.5×10)	每超一处扣 0.5 分		
	9	(44±0.1) mm	4 (2×2)	每超一处扣 2 分		
	10	(10±0.1) mm	4 (2×2)	超差全扣		
	11	孔 ϕ8H7	3 (1×3)	每超一处扣 1 分		
	12	孔 Ra1.6	3 (1×3)	每超一处扣 1 分		
凸件	13	90°±3′	4	超差全扣		
	14	⊥ 0.06 A	5	超差全扣		

	序号	技术要求	配分	评分细则	实测记录	得分
凸件	15	$50_{-0.03}^{0}$ mm	5	超差全扣		
	16	$30_{-0.03}^{0}$ mm	5	超差全扣		
	17	（41.64±0.03）mm	6	超差全扣		
	18	$Ra3.2$	3（0.5×6）	每超一处扣0.5分		
配合	19	间隙≤0.04 mm	24（2×12）	每超一处扣2分		
	20	错位量≤0.05 mm	6（3×2）	每超一处扣3分		
	21	安全文明生产	0	违者每次扣2分，严重者扣5~10分		

参 考 文 献

[1] 国家职业技能鉴定规范：考核大纲　钳工. 北京：机械工业出版社，1995.

[2] 骆莉. 工程实践教程：非机械类. 武汉：华中科技大学出版社，2014.

[3] 徐鸿本. 金工实习. 2 版. 武汉：华中科技大学出版社，2005.

[4] 盛君主. 金工实习指导书. 北京：人民交通出版社，2007.

[5] 童永华. 钳工技能实训. 北京：北京理工大学出版社，2006.

[6] 严绍华. 金属工艺学实习：非机类. 2 版. 北京：清华大学出版社，2006.

参考文献

[1]
[2]
[3]
[4]
[5]
[6]

实训操作工单

班级：＿＿＿＿＿＿＿＿＿＿＿＿＿＿＿＿

姓名：＿＿＿＿＿＿＿＿＿＿＿＿＿＿＿＿

学号：＿＿＿＿＿＿＿＿＿＿＿＿＿＿＿＿

实训操作工单 1　认识钳工工具

参观实验室，完成下列表格（见表 1-1）的填写。

表 1-1　钳工工具

序号	工具名称	台（件）	性能及作用
1			
2			
3			
4			
5			
6			
7			
8			
9			

实训操作工单 2 钳工测量

1. 定位块的测量

对照教材中的图 2-1、图 2-7，用游标卡尺量出 l_1、l_2、l_3、l_4、l_5、h_1、h_2、h_3、h_4、h_5、ϕd_1、ϕd_2、ϕd_3；用千分尺量出 h_1、h_2、h_4、b；将数据填入表 2-1 中。对所用游标卡尺及千分尺进行维护保养。

定位块测量评分标准如表 2-1 所示。

表 2-1 定位块测量评分标准

序号	尺寸	尺寸公差	游标卡尺实测值	千分尺实测值	配分	得分	备注
1	l_1				9		
2	l_2				6		
3	l_3				6		
4	l_4				6		
5	l_5				6		
6	h_1				8		
7	h_2				8		
8	h_3				6		
9	h_4				6		
10	h_5				8		
11	ϕd_1				8		
12	ϕd_2				6		
13	ϕd_3				6		
14	b				5		
15	5S				6		

注：5S 是日、韩企业盛行的生产企业现场管理要领，代表整理（SEIRI）、整顿（SEITON）、清扫（SEISO）、清洁（SEIKETSU）、素养（SHITSUKE），被称为"五常法则"。

2. 燕尾配合评分细则（见表 2-2）

表 2-2 燕尾配合评分细则

序号	尺寸	尺寸公差	实测值	配分	得分	备注
1	l_1			5		
2	l_2			5		

序号	尺寸	尺寸公差	实测值	配分	得分	备注
3	l_3			5		
4	h_1			5		
5	h_2			5		
6	h_3			5		
7	α_1			10		
8	α_2			10		
9	ϕd_1			5		
10	ϕd_2			5		
11	b			10		
12	配合间隙（五面）			20（4×5）		
13	5S			10		

实训操作工单 3　钳工划线

1）操作步骤

① 检查薄板料，并在板料上涂上品紫。

② 利用等分圆周的方法分边划出正三角形和五角形。应特别注意的是，在划圆时一定要先划出十字中心线，以确定圆心，打上样冲眼后再划圆。

③ 划左边图形时，应先根据图纸要求，在板料上分别划出三个中心点，再以这三个圆心为基准，划出所有的线条。

④ 根据图纸要求，检查所划线条是否正确。

⑤ 检查无误后打上样冲眼。

2）评分细则

平面划线评分细则如表 3-1 所示。

表 3-1　平面划线评分细则

序号	技术要求	配分	评分标准	自检记录	交检记录	得分
1	涂色薄且均匀	4	总体评定			
2	图形分布合理	6	图形分布不合理扣 3 分			
3	线条清晰	10	不合要求每处扣 2 分			
4	线条无重线	10	不合要求每处扣 4 分			
5	尺寸公差±0.3	20	不合要求每处扣 4 分			
6	冲眼分布合理且准确	32	不合要求每处扣 5 分			
7	工具的选用正确及操作姿势正确	18	不合要求每次扣 5 分			
8	5S	0	违者每次扣 2 分，严重者扣 5~10 分			

实训操作工单 4 锯削训练

1. 锯削姿势练习

锯削姿势练习评分细则如表 4-1 所示。

表 4-1 锯削姿势练习评分细则

序号	技术要求	配分	评分标准	自检记录	交检记录	得分
1	锯条安装松紧合理	8	总体评定			
2	锯条安装正确	10	不正确全扣			
3	锯削速度合理	10	不合要求酌情扣分			
4	站立姿势正确	12	不合要求酌情扣分			
5	握锯方法正确	15	不合要求酌情扣分			
6	起锯方法得当、合理	15	不合要求酌情扣分			
7	锯削动作正确	30	不合要求酌情扣分			
8	5S	0	违者每次扣 5 分			

2. 用圆料锯削长方体练习

圆料划线步骤如图 4-1 所示。

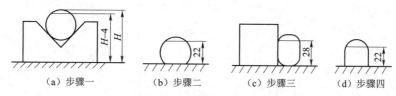

（a）步骤一　　　（b）步骤二　　　（c）步骤三　　　（d）步骤四

图 4-1 圆料划线方法

按图纸要求划出（22±1）mm 尺寸线。纵向锯削长方体（深缝锯削），保证（22±1）mm 尺寸、锯削平面度 1 mm、垂直度 1 mm 等要求，评分细则如表 4-2 所示。

表 4-2 用圆料锯削长方体练习评分细则

序号	技术要求	配分	评分标准	自检记录	交检记录	得分
1	外形无损伤	4	超差全扣			
2	锯条安装正确、松紧合理	5	总体评定			
3	起锯方法得当、合理	5	不合要求酌情扣分			
4	握锯方法正确	5	不合要求酌情扣分			
5	锯削速度合理	5	不合要求酌情扣分			
6	锯条使用		每断一根锯条扣 3 分			

序号	技术要求	配分	评分标准	自检记录	交检记录	得分
7	锯削动作正确	16	总体评定			
8	锯削断面纹路整齐	8 (2×4)	每错一处扣 2 分			
9	垂直度 1 mm	12 (3×4)	每超一处扣 3 分			
10	(22±1) mm	20 (10×2)	每超一处扣 10 分			
11	平面度 1 mm	20 (5×4)	每超一处扣 5 分			
12	5S	0	违者每次扣 2 分，严重者扣 5～10 分			

实训操作工单 5　錾削训练

1. 錾削姿势练习

① 将"呆錾子"夹紧在台虎钳中间，进行 1 h 锤击练习。前半小时左手不握錾子，进行站立姿势、挥锤和锤击练习；后半小时左手按正握法要求握住錾子，进行挥锤和锤击练习。采用松握法握锤时，挥锤方法为肘挥。要求站立姿势和挥锤动作基本正确，有较高的锤击命中率。

② 进行无刃口錾子錾削练习 2 h。将台阶铁夹紧在台虎钳中，下面垫好衬木，用无刃口錾子对凸肩部分进行模拟錾削练习。统一采用正握法握錾，松握法握锤，挥锤方法为肘挥。要求站立姿势、握錾方法和挥锤动作正确，锤击力量逐步加强。

③ 当握錾、挥锤、锤击力量和錾削姿势达到适应錾削练习的要求时，用已刃磨好的扁錾，将台阶铁的凸台部分錾平。

錾削姿势练习评分细则如表 5-1 所示。

表 5-1　錾削姿势练习评分细则

序号	技术要求	配分	评分标准	自检记录	交检记录	得分
1	工件夹持位置正确	6	不合要求酌情扣分			
2	錾削时视线方向正确	6	不合要求酌情扣分			
3	站立位置和姿势正确、自然	8	不合要求酌情扣分			
4	握錾方法正确、自然	10	总体评定			
5	錾削角度控制稳定	10	不合要求酌情扣分			
6	握锤方法正确、自然	10	总体评定			
7	锤击落点正确，命中率高	14	不合要求酌情扣分			
8	挥锤动作正确，锤击有力	16	不合要求酌情扣分			
9	工量具摆放整齐，位置正确	20	不合要求酌情扣分			
10	5S	0	违者每次扣2分，严重者扣5~10分			

2. 狭平面錾削练习

根据图纸要求，划出 85 mm×65 mm 尺寸线，按要求的顺序依次錾削。狭平面錾削评分细则如表 5-2 所示。

表 5-2　狭平面錾削评分细则

序号	技术要求	配分	评分标准	自检记录	交检记录	得分
1	65 mm 尺寸差值小于 1.5 mm	6	超差全扣			
2	85 mm 尺寸差值小于 1.5 mm	6	超差全扣			
3	（65±1）mm	10	超差全扣			
4	（85±1）mm	10	超差全扣			
5	錾痕整齐（4 面）	8（2×4）	每超一处扣 2 分			
6	▱ 0.8 （4 面）	16（4×4）	每超一处扣 4 分			
7	⊥ 1 （4 面）	12（3×4）	每超一处扣 3 分			
8	⊥ 0.5 （4 面）	12（3×4）	每超一处扣 3 分			
9	扁錾热处理正确（2 把）	10（5×2）	总体评定			
10	扁錾刃磨正确（2 把）	10（5×2）	总体评定			
11	5S	0	违者每次扣 2 分，严重者扣 5~10 分			

3. 直槽錾削

直槽錾削评分细则如表 5-3 所示。

表 5-3　直槽錾削评分细则

序号	技术要求	配分	评分标准	自检记录	交检记录	得分
1	槽口形状、位置正确	12（2×6）	每超一处扣 2 分			
2	錾痕整齐	6（2×3）	每超一处扣 2 分			
3	槽侧面直线度 0.5 mm	18（3×6）	每超一处扣 3 分			
4	槽宽尺寸 $8^{+0.5}_{0}$ mm	15（5×3）	每超一处扣 5 分			
5	槽底面直线度 0.5 mm	15（5×3）	每超一处扣 5 分			
6	槽深尺寸（21±0.5）mm	24（8×3）	每超一处扣 8 分			
7	狭錾刃磨正确（2 把）	10（5×2）	总体评定			
8	5S	0	违者每次扣 2 分，严重者扣 5~10 分			

实训操作工单 6 孔的加工训练

1. 钻标准麻花孔

钻标准麻花孔评分细则如表 6-1 所示。

表 6-1 钻标准麻花孔评分细则

序号	技术要求	配分	评分标准	自检记录	交检记录	得分
1	掌握台钻各部分的作用	8	总体评定			
2	钻头的修磨	10	不合要求酌情扣分			
3	正确操作台钻	10	总体评定			
4	钻头刃磨质量	16	总体评定			
5	孔口倒角 1 mm×45°	16 (2×8)	每超一处扣 2 分			
6	(10±0.3) mm	20 (5×4)	每超一处扣 5 分			
7	(12±0.3) mm	20 (5×4)	每超一处扣 5 分			
8	5S	0	违者每次扣 2 分，严重者扣 5~10 分			

2. 锪孔练习

① 在已有的 4×ϕ7 mm 孔上，用麻花钻改制的 90° 锥形锪钻，锪出 4×90° 锥形埋头孔，达到图纸要求。

② 用麻花钻改制的柱形锪钻，在 4×ϕ7 mm 孔的另一端面上锪出 4×ϕ11 mm 柱形埋头孔，达到图纸要求，并用 M6 内六角螺钉试配检查，锪孔练习评分细则如表 6-2 所示。

表 6-2 锪孔练习评分细则

序号	技术要求	配分	评分标准	自检记录	交检记录	得分
1	粗糙度 $Ra3.2$	8 (2×4)	每超一处扣 2 分			
2	粗糙度 $Ra6.4$	8 (2×4)	每超一处扣 2 分			
3	锥形锪孔钻的改磨	10	总体评定			
4	柱形锪孔钻的改磨	10	总体评定			
5	90° 锥孔正确	28 (7×4)	每超一处扣 7 分			
6	ϕ11 沉孔深精度 $5^{+0.5}_{0}$ mm	36 (9×4)	每超一处扣 9 分			
7	5S	0	违者每次扣 2 分，严重者扣 5~10 分			

3. 铰孔

按照铰孔余量，确定各预钻孔的钻头直径进行钻孔，并对孔口进行 0.5 mm×45° 倒角；铰各圆柱孔，并用 H8 塞规进行检测；铰圆锥孔，用锥销试配检验并达到要求。由于锥孔具有自锁性，因此进给量不能太大，防止铰刀卡死或折断。铰孔练习评分细则如表 6-3 所示。

表 6-3   铰孔练习评分细则

序号	技术要求	配分	评分标准	自检记录	交检记录	得分
1	手铰方法正确	10	不合要求酌情扣分			
2	(20±0.3) mm	25 (5×5)	每超一处扣 5 分			
3	(26±0.3) mm	25 (5×5)	每超一处扣 5 分			
4	孔口倒角 1 mm× 45° (5 孔)	10 (2×5)	每超一处扣 2 分			
5	Ra1.6 (5 孔)	15 (3×5)	每超一处扣 3 分			
6	H8 (5 孔)	15 (3×5)	每超一处扣 3 分			
7	5S		违者每次扣 2 分，严重者扣 5~10 分			

实训操作工单 7　螺纹加工训练

1. 攻螺纹与套螺纹练习

1）操作步骤

（1）攻螺纹

① 按图划出螺纹孔的加工位置线，钻 $\phi6.7\,\mathrm{mm}$、$\phi8.5\,\mathrm{mm}$ 底孔，并对孔口进行倒角。

② 攻 2×M8、2×M10 螺纹孔，并用相应的螺钉进行配检。

（2）套螺纹

① 按图样尺寸下料，对圆杆两端部进行倒锥处理。

② 按要求对圆杆两端部套螺纹，达到要求。

2）评分细则

攻螺纹、套螺纹练习评分细则如表 7-1 所示。

表 7-1　攻螺纹、套螺纹练习评分细则

<table>
<tr><td colspan="2">序号</td><td>技术要求</td><td>配分</td><td>评分标准</td><td>自检记录</td><td>交检记录</td><td>得分</td></tr>
<tr><td rowspan="3">工具
与
方法</td><td>1</td><td>工具使用正确</td><td>10</td><td>不合要求酌情扣分</td><td></td><td></td><td></td></tr>
<tr><td>2</td><td>攻螺纹方法正确</td><td>10</td><td>总体评定</td><td></td><td></td><td></td></tr>
<tr><td>3</td><td>套螺纹方法正确</td><td>10</td><td>总体评定</td><td></td><td></td><td></td></tr>
<tr><td rowspan="3">攻
螺
纹</td><td>4</td><td>⊥ $\phi0.2$ Ⓛ A</td><td>24（6×4）</td><td>每超一处扣 6 分</td><td></td><td></td><td></td></tr>
<tr><td>5</td><td>（12±0.3）mm</td><td>10（5×2）</td><td>每超一处扣 5 分</td><td></td><td></td><td></td></tr>
<tr><td>6</td><td>（15±0.3）mm</td><td>10（5×2）</td><td>每超一处扣 5 分</td><td></td><td></td><td></td></tr>
<tr><td rowspan="3">套
螺
纹</td><td>7</td><td>螺孔倒角正确</td><td>6（3×2）</td><td>每超一处扣 3 分</td><td></td><td></td><td></td></tr>
<tr><td>8</td><td>M12 牙型完整</td><td>12（6×2）</td><td>每超一处扣 6 分</td><td></td><td></td><td></td></tr>
<tr><td>9</td><td>30 mm 长度正确</td><td>8（1×8）</td><td>每超一处扣 1 分</td><td></td><td></td><td></td></tr>
<tr><td colspan="2">10</td><td>5S</td><td>0</td><td>违者每次扣 2 分，严重者扣 5～10 分</td><td></td><td></td><td></td></tr>
</table>

3. 加工六角螺母

1）操作步骤

① 按六角加工方法，依次加工外六角，达到形位、尺寸等要求。

② 划出 M12 螺孔位置线，钻 $\phi10.3\,\mathrm{mm}$ 底孔，并对孔口进行倒角。

③ 攻 M12 螺纹孔，并用相应的螺钉进行配检。

2）评分细则

加工六角螺母评分细则如表 7-2 所示。

表 7-2　加工六角螺母评分细则

<table>
<tr><td>序号</td><td>技术要求</td><td>配分</td><td>评分标准</td><td>自检记录</td><td>交检记录</td><td>得分</td></tr>
<tr><td>1</td><td>锉面 Ra3.2</td><td>10</td><td>每超一处扣 1 分</td><td></td><td></td><td></td></tr>
</table>

序号	技术要求	配分	评分标准	自检记录	交检记录	得分
2	（18±0.03）mm	8（1×8）	每超一处扣1分			
3	⊥ ϕ0.2 Ⓛ A	10	超差全扣			
4	▱ 0.03	18（3×6）	每超一处扣3分			
5	⊥ 0.03 A	18（3×6）	每超一处扣3分			
6	120°±3′	12（2×6）	每超一处扣2分			
7	（22±0.03）mm	24（8×3）	每超一处扣8分			
8	5S	0	违者每次扣2分，严重者扣5～10分			

实训操作工单 8　锉削训练

1. 锉削姿势练习

1）操作步骤

① 先用扁錾把直槽錾削练习材料的直槽的中间部分錾平，将工件正确装夹在台虎钳的中间，锉削面高出钳口约 15 mm。

② 利用工件两边的凸起，用 300 mm 的粗板锉进行锉削姿势练习。开始练习时动作要慢，体会锉削动作要领。初步掌握要领后，以正常速度练习，直至将台阶部分锉平。

2）评分细则

锉削姿势练习评分细则如表 8-1 所示。

表 8-1　锉削姿势练习评分细则

序号	技术要求	配分	评分标准	自检记录	交检记录	得分
1	工件夹持位置正确	10	不正确酌情扣分			
2	工具摆放整齐，位置正确	15	总体评定			
3	握锉姿势正确	20	不正确每次扣 3 分			
4	站立位置正确	25	不正确每次扣 5 分			
5	锉削动作协调、自然	30	总体评定			
6	5S	0	违者每次扣 2 分，严重者扣 5~10 分			

2. 锉削长方体

1）操作步骤

① 检查来料尺寸是否符合加工要求。

② 粗、精锉第一面（基准面 A），达到平面度 0.1 mm 和表面粗糙度 $Ra3.2$ 要求。

③ 粗、精锉第二面（基准面 A 的对面），达到（20±0.1）mm 尺寸要求及平面度、平行度、粗糙度等要求。

④ 粗、精锉第三面（基准面 A 的任一相邻侧面），达到平面度、垂直度及粗糙度等要求。

⑤ 粗、精锉第四面（第三面的对面），达到（60±0.1）mm 尺寸、平面度、垂直度、平行度及粗糙度等要求。

⑥ 粗、精锉第五面（基准面 A 的另一相邻端面），达到平面度、垂直度及粗糙度等要求。

⑦ 粗、精锉第六面（第五面的对面），达到（80±0.1）mm 尺寸、平面度、垂直度、平行度及粗糙度等要求。

⑧ 全面检查，并做必要的修整，锐边倒钝去毛刺。

2）评分细则

长方体锉削评分细则如表 8-2 所示。

表 8-2   长方体锉削评分细则

序号	技术要求	配分	评分标准	自检记录	交检记录	得分
1	锉削姿势正确	10	总体评定			
2	(20±0.1) mm	12	超差不得分			
3	(60±0.1) mm	12	超差不得分			
4	(80±0.1) mm	12	超差不得分			
5	粗糙度 Ra3.2	6(1×6)	每超一处扣1分			
6	锉纹整齐、一致	6(1×6)	每超一处扣1分			
7	平面度 0.1 mm	8(2×4)	每超一处扣2分			
8	垂直度 0.12 mm	8(2×4)	每超一处扣2分			
9	垂直度 0.06 mm	8(2×4)	每超一处扣2分			
10	尺寸差值小于 0.24 mm	8(3×6)	每超一处扣3分			
11	5S	0	违者每次扣2分,严重者扣5~10分			

3. 锉削台阶

1)操作步骤

① 检查来料尺寸是否符合加工要求。

② 粗、精锉外形尺寸,保证±0.05 mm 的尺寸精度要求及形位精度要求。

③ 按图纸要求,划出台阶加工线,并用游标卡尺校对［见图 8-1 (a)］。

④ 锯去台阶一角,粗、精锉该直角面(面1、面2),保证(20±0.05)mm×(40±0.05)mm 尺寸精度要求、形位精度及表面粗糙度等要求［见图 8-1 (b)］。

⑤ 锯去台阶另一角,粗、精锉该直角面(面3、面4),保证(20±0.05)mm×(40±0.05)mm 尺寸精度要求、形位精度及表面粗糙度等要求［见图 8-1 (c)］。

⑥ 全部精度复检,并做必要修整,锐边去毛刺、倒钝。

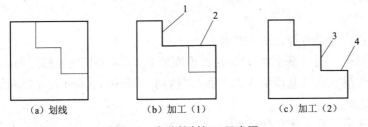

(a)划线   (b)加工(1)   (c)加工(2)

图 8-1   台阶锉削加工示意图

2)评分细则

台阶锉削评分细则如表 8-3 所示。

表 8-3   台阶锉削评分细则

序号	技术要求	配分	评分标准	自检记录	交检记录	得分
1	▱ 0.05	4(2×2)	每超一处扣2分			
2	粗糙度 Ra3.2	8(1×8)	每超一处扣1分			

序号	技术要求	配分	评分标准	自检记录	交检记录	得分
3	// 0.05 B	9 (3×3)	每超一处扣 3 分			
4	// 0.05 C	9 (3×3)	每超一处扣 3 分			
5	⊥ 0.03 A	12 (1.5×8)	每超一处扣 1.5 分			
6	(20±0.05) mm	14 (7×2)	每超一处扣 7 分			
7	(40±0.05) mm	14 (7×2)	每超一处扣 7 分			
8	(60±0.05) mm	14 (7×2)	每超一处扣 7 分			
9	⊥ 0.05 B	16 (2×8)	每超一处扣 2 分			
10	5S	0	违者每次扣 2 分，严重者扣 5～10 分			

4. 锉削六角

1）操作步骤

① 检查来料尺寸，测量圆柱的实际直径。

② 粗、精锉六角体第一面（基准面），达到平面度 0.05 mm、粗糙度 $Ra3.2$ 等要求，同时保证圆柱母线至锉削面的尺寸 M，即 ｛30+［(d-30) 12±0.06］｝ mm ［见图 8-2（a）］。

③ 粗、精锉第一面的对面。以第一面为基准，划出 30 mm 加工线，然后再锉削，达到图纸要求 ［见图 8-2（b）］。

④ 粗、精锉第三面，同时保证 M 尺寸、平面度、120° 倾斜角及粗糙度等要求 ［（见图 8-2（c）］。

⑤ 粗、精锉第三面的对面。以第三面为基准，划出 30 mm 加工线，然后再锉削，达到图纸要求 ［见图 8-2（d）］。

⑥ 粗、精锉第五面，同时保证 M 尺寸、平面度、平行度、120° 倾斜角及粗糙度等要求 ［见图 8-2（e）］。

⑦ 粗、精锉第五面的对面。以第五面为基准，划出 30 mm 加工线，然后锉削，达到图纸要求 ［见图 8-2（f）］。

⑧ 全部精度复检，并做必要的修整，锐边去毛刺、倒钝。

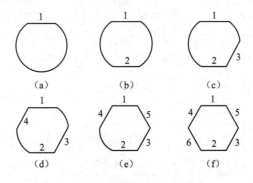

图 8-2　圆料加工六角的步骤

2）评分细则

六角锉削评分细则如表 8-4 所示。

表 8-4　六角锉削评分细则

序号	技术要求	配分	评分标准	自检记录	交检记录	得分
1	边长均等公差 0.1 mm	10	超差全扣			
2	锉纹整齐、一致	6（1×6）	每超一处扣 1 分			
3	粗糙度 Ra3.2	12（2×6）	每超一处扣 2 分			
4	// 0.08 A	12（4×3）	每超一处扣 4 分			
5	▱ 0.05	18（3×6）	每超一处扣 3 分			
6	∠ 0.03 A	18（3×6）	每超一处扣 3 分			
7	（30±0.01） mm	24（8×3）	每超一处扣 8 分			
8	5S		违者每次扣 2 分，严重者扣 5～10 分			

5. 锉削曲面

1）操作步骤

① 检查来料尺寸是否符合加工要求。

② 锯去六角两角度面，粗、精锉（16±0.05） mm 尺寸面，达到图纸要求。

③ 粗、精锉（28±0.05） mm 尺寸面，达到图纸要求。

④ 按图纸要求划出 4 处 3 mm 倒角及 R16 mm、R3 mm 圆弧加工线。

⑤ 用圆锉粗锉 8 个 R3 mm 内圆弧面，然后用板锉粗、精锉倒角到加工线，再精锉 R3 mm 圆弧，并与倒角平面连接圆滑，最后推锉倒角面及 R3 mm 圆弧面，使锉纹整齐、一致，全部呈直向。

⑥ 用横向锉粗锉 R14 mm 圆弧面至接近线，然后用顺向锉精锉圆弧面，达到图纸要求。

⑦ 全部精度复检，并做必要修整，锐边去毛刺、倒钝。

2）评分细则

曲面锉削评分细则如表 8-5 所示。

表 8-5　曲面锉削评分细则

序号	技术要求	配分	评分标准	自检记录	交检记录	得分
7	3 mm×45° 倒角正确	12（3×4）	每超一处扣 3 分			
8	圆弧面圆滑	16（2×8）	总体评定			
9	粗糙度 Ra3.2	6（1×6）	每超一处扣 1 分			
4	尺寸差值小于 0.05 mm	12（2×6）	每超一处扣 2 分			
5	⊥ 0.03	8（2×4）	每超一处扣 2 分			
6	⌒ 0.1 A	16（8×2）	每超一处扣 8 分			
3	$56_{-0.5}^{0}$ mm	6	超差全扣			
7	3 mm×45° 倒角正确	12（3×4）	每超一处扣 3 分			
8	圆弧面圆滑	16（2×8）	每超一处扣 2 分			

续表

序号	技术要求	配分	评分标准	自检记录	交检记录	得分
9	粗糙度 Ra3.2	2（1×2）	每超一处扣 1 分			
1	（16±0.05）mm	3	超差全扣			
2	（20±0.05）mm	3	超差全扣			
10	5S	0	违者每次扣 2 分，严重者扣 5～10 分			

6. 锉削角度圆弧

1）操作步骤

① 检查来料尺寸是否符合加工要求。

② 粗、精锉 20 mm 尺寸面，保证尺寸及形位精度要求。

③ 以 B 面为基准，粗、精锉外形尺寸，保证（60±0.05）mm×（60±0.05）mm 的尺寸、形位精度及粗糙度等要求。

④ 按图纸要求，划出所有加工线，并用游标卡尺校对，如图 8-3（a）所示。

⑤ 锯去直角面，粗、精锉该直角面，保证（25±0.03）mm、（30±0.03）mm 尺寸、形位精度及表面粗糙度等要求，如图 8-3（b）所示。

⑥ 锯去 135°角度面，粗、精锉该面，保证 135°角度等要求，如图 8-3（c）所示。

⑦ 粗、精锉 R15 mm 圆弧面，保证圆弧轮廓度要求，如图 8-3（d）所示。

⑧ 全部精度复检，并做必要修整，锐边去毛刺、倒钝。

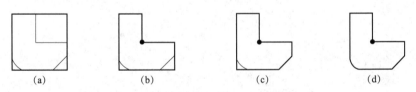

(a)　　　　　　(b)　　　　　　(c)　　　　　　(d)

图 8-3　角度圆弧锉削加工示意图

2）评分细则

角度圆弧锉削评分细则如表 8-6 所示。

表 8-6　角度圆弧锉削评分细则

序号	技术要求	配分	评分标准	自检记录	交检记录	得分
1	粗糙度 Ra3.2	10（1×10）	每超一处扣 1 分			
2	135°±5′	6	超差全扣			
3	⊥ 0.05 A	4	超差全扣			
4	⌒ 0.10	8	超差全扣			
5	⊥ 0.03 B	16（2×8）	每超一处扣 2 分			
6	▱ 0.03	16（2×8）	每超一处扣 2 分			
7	（60±0.05）mm	20（10×2）	每超一处扣 10 分			

序号	技术要求	配分	评分标准	自检记录	交检记录	得分
8	（20±0.05）mm	10	超差全扣			
9	（30±0.03）mm	10	超差全扣			
10	5S		违者每次扣2分，严重者扣5～10分			

实训操作工单9 研磨加工训练

1）操作步骤

① 粗研磨选用 W100～W50 的研磨粉（或选用粗型研磨膏），均匀涂在有槽平板的研磨面上，握持 V 形铁样板，按图样标注 A、B、C、D、E、F、G、H 顺序分别研磨各面，并保证角度公差小于 $\pm1'$。

② 精研磨采用光滑平板，选用 W40～W20 的研磨粉（或选用细型研磨膏），均匀涂在平板的研磨面上，握持 V 形铁样板，利用工件自重进行精研磨，使表面粗糙度 Ra 不大于 $0.2\ \mu m$。

③ 质量检测，用刀口角尺及直尺检测工件垂直度及直线度，用正弦规检测工件角度及对称度的准确性，用千分尺检测尺寸精度。

2）评分细则

V 形铁研磨评分细则如表 9-1 所示。

表 9-1 V 形铁研磨评分细则

序号	技术要求	配分	评分标准	自检记录	交检记录	得分
1	⊥ 0.01 A	5	超差不得分			
2	$50_{-0.06}^{0}$ mm	6	超差不得分			
3	$34_{-0.1}^{0}$ mm	8	超差不得分			
4	$90°\pm1'$	8	超差不得分			
5	⚌ 0.02 B	10	超差不得分			
6	$60_{-0.06}^{0}$ mm	12（6×2）	每超一处扣 6 分			
7	⊥ 0.01 C	18（3×6）	每超一处扣 3 分			
8	▱ 0.01	16（2×8）	每超一处扣 2 分			
9	$Ra0.2$	8（1×8）	每超一处扣 1 分			
10	操作方法正确	9	总体评定			
11	5S	0	违者每次扣 2 分			

实训操作工单10 锉配技巧训练

1. 四方开口锉配

1）操作步骤

（1）检查来料尺寸是否符合加工要求。

（2）划线、锯削分料。

（3）按四方体加工方法加工四方体，达到精度要求。

（4）锉配凹形体，注意事项如下：

① 锉削凹形体外形面，保证外形尺寸及形位精度要求；

② 划出凹形体各面加工线，并用加工好的四方体校对划线的正确性；

③ 如图10-1所示，钻 ϕ12 mm 孔，用修磨好的狭锯条锯去凹形面余料，然后用锉刀粗锉至接近加工线，单边留 0.1～0.2 mm 余量做锉配用；

④ 细锉凹形体两侧面，控制两侧尺寸相等，并用凸件试配，如图10-2所示，应达到配合间隙要求；

⑤ 以凸件为基准，以凹形体两侧为导向，锉配凹形体底面，保证配合间隙及配合直线度符合要求。

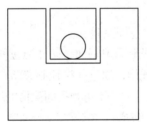
图10-1　锯余料方法

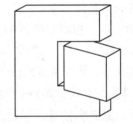
图10-2　凸件试配方法

（5）全面检查，做必要修整，锐边去毛刺、倒棱。

2）评分细则

四方开口锉配评分细则如表10-1所示。

表10-1　四方开口锉配评分细则

序号		技术要求	配分	评分标准	自检记录	交检记录	得分
凹件	1	⊥ 0.03 A	4	超差全扣			
	2	（60±0.05）mm	7	超差全扣			
	3	（50±0.05）mm	7	超差全扣			
	4	Ra3.2	8 (1×8)	每超一处扣1分			
凸件	5	Ra3.2	4 (1×4)	每超一处扣1分			
	6	∥ 0.04 B	8 (4×2)	每超一处扣4分			
	7	⊥ 0.03 B	12 (3×4)	每超一处扣3分			
	8	$25_{-0.05}^{0}$ mm	14 (7×2)	每超一处扣7分			

序号		技术要求	配分	评分标准	自检记录	交检记录	得分
配合	9	互换间隙≤0.08 mm	24（2×12）	每超一处扣 2 分			
	10	⌖ 0.10	12（3×4）	每超一处扣 3 分			
11		5S	0	违者每次扣 2 分，严重者扣 5～10 分			

2. 凹凸盲配

1）操作步骤

（1）检查来料尺寸是否符合加工要求。

（2）粗、精锉外形面，达到（60±0.05）mm×（70±0.05）mm 尺寸及垂直度、平行度等要求。

（3）按图划出凹、凸形体所有加工线。

（4）钻 4×ϕ3 工艺孔及去余料孔。

（5）加工凸形面，具体如下：

① 按线锯去凸台一角，粗、精锉垂直面。通过间接控制 50 mm 尺寸（本处尺寸应控制在 70 mm 实际尺寸减去 $20^{+0.05}_{0}$ mm 范围内），来保证 $20^{+0.05}_{0}$ mm 尺寸要求；通过间接控制 40 mm 尺寸（本处尺寸应控制在 60 mm 实际尺寸的一半减去 $10^{+0.025}_{-0.05}$ mm 范围内），来间接保证 20 mm 凸台尺寸要求及对称度在 0.1 mm 以内的要求。

② 按线锯去凸台另一角，粗、精锉另一垂直面，用上述方法控制 $20^{+0.05}_{0}$ mm 尺寸要求，直接测量 $20^{0}_{-0.05}$ mm 凸台尺寸。

（6）加工凹形面，具体如下：

① 锯去凹形面余料，粗锉至接近加工线，留精锉余量。

② 根据凸台形面尺寸，精锉凹形面各尺寸。凹形面顶端面，同样通过间接控制 50 mm 尺寸（与凸台 50 mm 间接尺寸一致）来保证；凹形面两侧面，通过间接控制 20 mm 尺寸（此处尺寸控制在 60 mm 实际尺寸的一半减去 20 mm 凸台实际尺寸的一半再减去间隙值的范围内）来保证。

（7）全面检查，做必要修整，锐边去毛刺、倒棱。

2）评分细则

凹凸盲配评分细则如表 10-2 所示。

表 10-2 凹凸盲配评分细则

序号	技术要求	配分	评分标准	自检记录	交检记录	得分
1	⟋ 0.5	4	超差全扣			
2	= 0.1 A	4	超差全扣			
3	（32±0.5）mm	6	超差全扣			
4	（70±0.05）mm	8	超差全扣			
5	（60±0.05）mm	8	超差全扣			
6	$20^{0}_{-0.05}$ mm	10	超差全扣			
7	错位量≤0.1 mm	12	超差全扣			
8	配合互换间隙<0.08 mm	20	超差全扣			
9	Ra3.2	12（1×12）	每超一处扣 1 分			
10	$20^{+0.05}_{0}$ mm	16（8×2）	每超一处扣 8 分			
11	5S	0	违者每次扣 2 分，严重者扣 5～10 分			

3. 单燕尾锉配

1）操作步骤

（1）检查来料尺寸。

（2）粗、精锉外形一侧面与两端面，作为划线基准。

（3）按图划出凹、凸件所有加工线。

（4）锯割分料，分别加工凸、凹件外形面，达到（60±0.03）mm×（38±0.03）mm 尺寸、形位精度等要求。

（5）加工凸件，具体如下：

① 钻 $\phi 3$ mm 工艺孔和 $\phi 8$ mm 孔，达到孔距要求；

② 锯去直角面余料，粗、精锉直角面，保证（16±0.03）mm 及（20±0.03）mm 尺寸要求 [（16±0.03）mm 尺寸通过测量 B 来间接保证]；

③ 锯去角度面余料，粗、精锉角度面，保证（24±0.1）mm、（20±0.03）mm 尺寸及 60°±5′等要求，（24±0.1）mm 尺寸通过控制圆柱间接尺寸 M 来保证；

④ 凸件精度检查，并做必要的修整，锐边去毛刺。

（6）锉配凹件，具体如下：

① 钻 $\phi 3$ mm 工艺孔、$\phi 12$ mm 和 $\phi 8$ mm 孔，达到孔距要求；

② 锯去凹件余料，粗锉至接近加工线，单边留 0.2～0.3 mm 余量；

③ 精锉（16±0.03）mm 尺寸面，保证尺寸要求；

④ 以凸件为基准，锉配凹件，达到配合要求。

（7）全部精度复检，锐边去毛刺、倒棱。

2）评分细则

单燕尾锉配评分细则如表 10-3 所示。

表 10-3 单燕尾锉配评分细则

序号		技术要求	配分	评分标准	自检记录	交检记录	得分
凹件	1	ϕ（8±0.1）mm	2	超差全扣			
	2	（10±0.15）mm	3	超差全扣			
	3	（30±0.15）mm	3	超差全扣			
	4	（60±0.03）mm	5	超差全扣			
	5	（38±0.03）mm	5	超差全扣			
	6	（16±0.02）mm	5	超差全扣			
	7	锉面 $Ra3.2$	8（1×8）	每超一处扣 1 分			
凸件	8	ϕ（8±0.1）mm	2	超差全扣			
	9	（10±0.15）mm	3	超差全扣			
	10	（30±0.15）mm	3	超差全扣			
	11	60°±5′	4	超差全扣			
	12	（60±0.03）mm	5	超差全扣			
	13	（38±0.03）mm	5	超差全扣			
	14	（24±0.1）mm	5	超差全扣			
	15	锉面 $Ra3.2$	8（1×8）	每超一处扣 1 分			
	16	$20^{\ 0}_{-0.03}$ mm	8（4×2）	每超一处扣 4 分			

序号		技术要求	配分	评分标准	自检记录	交检记录	得分
配合	17	(58±0.1) mm	5	超差全扣			
	18	— 0.08	6	超差全扣			
	19	配合间隙≤0.06 mm	15（3×5）	每超一处扣3分			
20		5S	0	违者每次扣2分，严重者扣5～10分			

4. 六角开口锉配

1）操作步骤

（1）检查来料尺寸是否符合加工要求。

（2）加工外形，达到（60±0.05）mm×（90±0.05）mm 尺寸等要求。

（3）按图划出所有加工线。

（4）锯削：达到（50±0.5）mm、（26±0.5）mm 锯削尺寸要求。

（5）加工外六角，达到精度要求。

（6）锉配内六角，具体如下：

① 钻 ϕ12 mm 孔，用修磨好的狭锯条锯去内六角余料，然后用锉刀粗锉至接近加工线，单边留0.1～0.2 mm 余量做锉配用；

② 精锉15 mm 尺寸面，保证精度；锉配15 mm 尺寸面的对面，达到配合间隙要求；

③ 以外六角为基准、以内六角两侧为导向，锉配内六角两角度面，保证配合间隙及配合尺寸要求。

（7）全面检查，做必要修整，锐边去毛刺、倒棱。

2）评分细则

六角开口锉配评分细则如表10-4所示。

表10-4　六角开口锉配评分细则

序号		技术要求	配分	评分标准	自检记录	交检记录	得分
凹件	1	(90±0.05) mm	4	超差全扣			
	2	(60±0.05) mm	4	超差全扣			
	3	$15_{-0.06}^{0}$ mm	6	超差全扣			
	4	(50±0.5) mm	4	超差全扣			
	5	(26±0.5) mm	4	超差全扣			
	6	▱ 0.50	6（3×2）	每超一处扣3分			
	7	锉面 Ra3.2	8（1×8）	每超一处扣1分			
凸件	8	$30_{-0.06}^{0}$ mm	18（6×3）	每超一处扣6分			
	9	120°±5′	12（2×6）	每超一处扣2分			
	10	锉面 Ra3.2	6（1×6）	每超一处扣1分			
配合	11	单边间隙≤0.06 mm	24（1×24）	每超一处扣1分			
	12	(98.66±0.5) mm	4（1×4）	每超一处扣1分			
13		5S	0	违者每次扣2分，严重者扣5～10分			

实训操作工单 11　立体划线

1）操作步骤

① 分析划线部位和选择划线基准。图样所标的尺寸要求和加工部位，需要划线的尺寸共有三个方向，所以工件要经过三次安放才能划完所有线条。其划线基准选定为 $\phi50$ mm 孔的中心平面 I—I、II—II 和两个螺钉孔的中心平面 III—III。

② 工件的安放。用三只千斤顶支承轴承座的底面，调整千斤顶的高度，用划线盘找正。把 $\phi50$ mm 孔的两端面的中心调整到同一高度。因 A 面是不加工面，为保证底面加工厚度尺寸 20 mm 在各处均匀一致，用划线盘弯脚找正，使 A 面尽量达到水平。当 $\phi50$ mm 孔的两端面中心和 A 面保持水平位置的要求发生矛盾时，就要兼顾两方面进行安放，直至这两个部位都达到满意的安放效果。

③ 清理工件，去除铸件上的浇冒口、披缝及表面粘砂等。

④ 工件涂色，并在毛坯孔中装上中心塞块。

⑤ 第一次划线。首先划底面加工线，这一方向的划线工作将涉及主要部分的找正和借料。在试划底面加工线时，如果发现四周加工余量不够，还要把中心适当借高（即重新借料），直至不需要变动时，才可划出基准线 I—I 和底面加工线，并且在工件的四周都要划出加工线，以备下次在其他方向划线和在机床上加工时找正用，如图 11-1 所示。

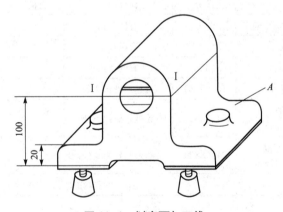

图 11-1　划底面加工线

⑥ 第二次划线。划 $2\times\phi13$ mm 中心线和基准线 II—II，通过千斤顶的调整和划线盘的找正，使 $\phi50$ mm 孔的两端面的中心处于同一高度，同时用角尺按已划出的底面加工线找正到垂直位置，这样才能保证工件第二次安放位置正确。此时，就可划基准线 II—II 和两个 $2\times\phi13$ mm 孔的中心线，如图 11-2 所示。

⑦ 第三次划线。划 $\phi50$ mm 孔两端面加工线。通过千斤顶的调整和角尺的找正，分别使底面加工线和 II—II 基准线处于垂直位置（两直角尺位置处），这样，工件的第三次安放位置已确定。以 $2\times\phi13$ mm 的中心为依据，试划两大端面的加工线，如两端面加工余量相差

太大或其中一面加工余量不足，可适当调整 2×ϕ13 mm 中心孔位置，并允许借料，最后可划 Ⅲ—Ⅲ基准线和两端面的加工线。此时，第三个方向的尺寸线已划完，如图 11-3 所示。

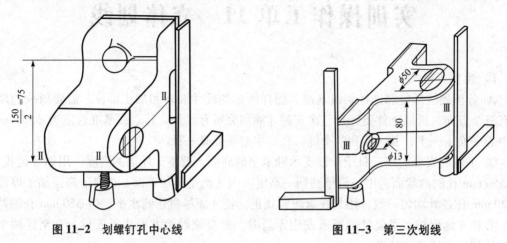

| 图 11-2　划螺钉孔中心线 | 图 11-3　第三次划线 |

⑧ 划圆周尺寸线。用划规划出 ϕ50 mm 和 2×ϕ13 mm 圆周尺寸线。

⑨ 复查。对照图样检查已划好的全部线条，确认无误和无漏线后，在所划好的全部线条上打样冲眼，划线结束。

2）评分细则

轴承座立体划线评分细则如表 11-1 所示。

表 11-1　轴承座立体划线评分细则

序号	技术要求	配分	评分标准	自检记录	交检记录	得分
1	使用划线工具方法正确	10	有误全扣			
2	线条清晰	12	有误全扣			
3	冲眼位置正确	12	有误全扣			
4	划线尺寸误差小	18（3×6）	每超一处扣 3 分			
5	三个垂直位置找正误差小于 0.4 mm	24（8×3）	超差一处扣 8 分			
6	三个位置尺寸基准位置误差小于 0.6 mm	24（8×3）	超差一处扣 8 分			
7	5S	0	违者每次扣 2 分，严重者扣 5～10 分			

实训操作工单 12　压板组件制作

本实训操作的压板组件练习图如图 12-1 所示。

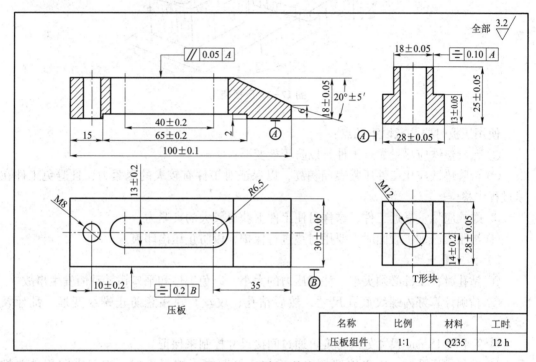

图 12-1　压板组件练习图

1. 准备工作

1）材料准备

101 mm×31 mm×15 mm、29 mm×29 mm×26 mm 各一件，材料为 Q235。

2）工具、刃具准备

常用扁锉、圆锉、什锦锉、手锯、划线工具，ϕ13.0 mm、ϕ10.5 mm、ϕ10.2 mm、ϕ6.7 mm、ϕ4.0 mm 等麻花钻，M8、M12 丝锥，铰杠，铜丝刷等。

3）量具准备

钢皮尺、刀口角尺、万能角度尺、游标卡尺、高度划线尺、外径千分尺等。

4）实训准备

领用工量具、刃具并清点，了解工量具、刃具的使用方法及要求。实训结束后，按照工量具、刃具清单清点，完毕后交指导教师验收。复习有关理论知识，详细阅读实训指导说明书。

2. 相关工艺和原理

1）压板使用要点

压板用于钻孔时压紧工件。使用时，压板组件配合台阶垫铁（台阶锉削）、六角螺母、双头螺柱（攻螺纹和套螺纹）对工件压紧进行钻孔，如图 12-2 所示。

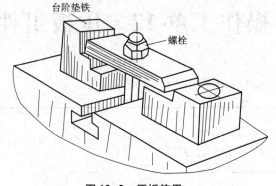

图 12-2　压板使用

使用压板时要注意以下几点：

① 台阶垫铁应尽量靠近工件，以防压板变形；

② 台阶垫铁应比工件压紧表面稍高，以保证对工件有较大的压紧力，且避免工件在压紧过程中移位；

③ 螺栓应尽量靠近工件，这样可使工件上获得较大的夹紧力；

④ 当压紧已加工表面时，要用衬垫进行保护，以防止压出印痕。

2）加工要点

① 钻孔时，工件必须夹牢，注意压力的大小，以免工件和平口钳转动而发生事故。

② 精确计算好内螺纹底孔尺寸，然后钻孔、攻丝，并注意防止螺纹变形、乱牙及不垂直。

③ T 形块 18 mm 尺寸处对称度可通过间接尺寸控制来保证。

④ 锉削腰形孔时，应先锉两侧面，后锉内圆弧面。锉平面时，锉刀横向移动要控制好，防止锉坏两端圆弧面。

3. 实习安排

1）加工压板

① 检查来料尺寸。

② 按图样要求锉削压板外形尺寸，达到图样要求。

③ 以一长度面、端面及厚度面为基准，划出压板形体加工线，按图划出孔加工线及钻孔检查线。

④ 钻 ϕ13 mm 孔，用狭锯条锯去腰形孔内余料，按图样要求锉好腰孔。

⑤ 钻 ϕ6.7 mm 螺纹底孔，攻 M8 螺纹，保证螺纹精度。

⑥ 锉削压板角度面，达到图样要求。

⑦ 锉削压板底面凹槽，达到图样要求。

⑧ 去毛刺，精度检查。

2）加工 T 形块

① 检查来料尺寸。

② 按图样要求锉削 T 形块外形尺寸，达到图样要求。

③ 划出 T 形块加工线，划出螺孔加工线及孔位检查线。

④ 钻 ϕ10.2 mm 螺纹底孔、倒角，攻 MI2 螺纹孔，保证螺纹精度。

⑤ 锉削 T 形块台阶面，达到图样要求。

⑥ 去毛刺，精度检查。

4. 评分细则

压板组件评分细则如表 12-1 所示。

表 12-1　压板组件评分细则

序号		技术要求	配分	评分标准	自检记录	交检记录	得分
压板	1	(65±0.2) mm	2	超差全扣			
	2	// 0.05 A	3	超差全扣			
	3	(10±0.2) mm	3	超差全扣			
	4	M8	4	变形、乱牙全扣			
	5	(100±0.1) mm	4	超差全扣			
	6	(18±0.05) mm	5	超差全扣			
	7	(30±0.05) mm	5	超差全扣			
	8	20°±5′	5	超差全扣			
	9	(40±0.2) mm	5	超差全扣			
	10	(13±0.2) mm	5	超差全扣			
	11	= 0.2 B	6	超差全扣			
	12	Ra3.2	5 (0.5×10)	每超一处扣 0.5 分			
T形块	13	(14±0.2) mm	3	超差全扣			
	14	(25±0.05) mm	5	超差全扣			
	15	(28±0.05) mm	5	超差全扣			
	16	= 0.10 A	6	超差全扣			
	17	M12	6	变形、乱牙全扣			
	18	(28±0.05) mm	10 (5×2)	每超一处扣 5 分			
	19	(13±0.05) mm	8 (4×2)	每超一处扣 4 分			
	20	Ra3.2	5 (0.5×10)	每超一处扣 0.5 分			
	21	5S	0	违者每次扣 2 分，严重者扣 5～10 分			

实训操作工单 13 錾口锒头制作

1. 任务简析

錾口锒头制作是典型的综合练习项目。通过练习，进一步巩固基本操作技能，熟练掌握锉腰孔及连接内外圆弧面的方法，达到连接圆滑、位置及尺寸正确等要求；提高推锉技能，达到纹理整齐、表面光洁的工件加工效果，同时也提高对各种零件加工工艺的分析能力及检测能力，养成良好的安全生产习惯。

2. 相关实习图纸

錾口锒头练习图如图 13-1 所示。

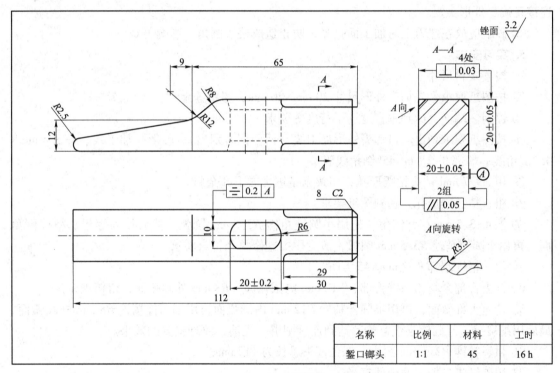

图 13-1 錾口锒头练习图

3. 准备工作

1）材料准备

长方体锉削转下。

2）工具、刃具准备

锉刀，半圆锉，圆锉，什锦锉，手锯，$\phi5$ mm、$\phi7$ mm、$\phi9.7$ mm 麻花钻，铜丝刷。

3）量具准备

钢皮尺、刀口角尺、万能角度尺、游标卡尺、高度划线尺、外径千分尺、R 规等。

4）实训准备

领用工量具、刃具并清点，了解工量具、刃具的使用方法及要求。实训结束后，按照工量具清单清点，完毕后交指导教师验收。复习有关理论知识，详细阅读实训指导说明书。

4. 相关工艺和原理

加工要点如下：

① 钻腰形孔时，为防止钻孔位置偏斜、孔径扩大，造成加工余量不足，钻孔时可先用 $\phi7$ mm 钻头钻底孔，做必要修整后，再用 $\phi9.7$ mm 钻头扩孔。

② 锉腰形孔时，先锉两侧平面，保证对称度，再锉两端圆弧面。锉平面时要控制好锉刀横向移动，防止锉坏两端孔面。

③ 锉 4-3.5 mm×45°倒角、8-2 mm×45°倒角时，工件装夹位置要正确，防止工件被夹伤。锉 3.5 mm×45°倒角时，扁锉横向移动时要防止锉坏圆弧面，造成圆弧塌角。

④ 加工 $R12$ mm 与 $R8$ mm 内、外圆弧面时，横向必须平直，且与侧面垂直，才能保证连接正确、外形美观。

⑤ 砂纸应放在锉刀上对加工面打光，防止造成棱边圆角，影响美观。

5. 实习安排

① 检查来料尺寸。

② 按图纸要求，先加工外形尺寸 20 mm×20 mm，留精锉余量。

③ 锉削一端面，达到垂直度、平行度等要求。

④ 按图纸要求划出錾口锤头外形加工线（两面同时划出）、腰形孔加工线、4-3.5 mm×45°倒角线、端部 8-2 mm×45°倒角线等。

⑤ 用 $\phi9.7$ mm 钻头钻腰形孔，用狭锯条锯去腰形孔余料。

⑥ 粗、精锉腰形孔，达到图纸要求。

⑦ 锉 4-3.5 mm×45°倒角。先用小圆锉粗锉 $R3.5$ mm 圆弧，然后用扁锉粗、精锉倒角面，再用小圆锉精锉 $R3.5$ mm 圆弧，最后用推锉修整至符合要求。

⑧ 粗、精锉端部 8-2 mm×45°倒角。

⑨ 锯去舌部余料，粗锉舌部、$R12$ mm 内圆弧面、$R8$ mm 外圆弧面，留精锉余量。

⑩ 精锉舌部斜面，再用半圆锉精锉 $R12$ mm 内圆弧面，用细扁锉精锉 $R8$ mm 外圆弧面，最后用细扁锉、半圆锉推锉修整，达到连接圆滑、光洁、纹理整齐的效果。

⑪ 粗、精锉 $R2.5$ mm 圆头，保证锤头总长为 112 mm。

⑫ 用砂纸将各加工面全部打光。

6. 评分细则

錾口锤头评分细则如表 13-1 所示。

表 13-1　錾口锤头评分细则

序号	技术要求	配分	评分标准	自检记录	交检记录	得分
1	腰形孔对称度 0.2 mm	8	超差全扣			
2	$R2.5$ 圆弧面圆滑	8	综合评价			
3	$R12$ 与 $R8$ 圆弧面连接圆滑	10	综合评价			

序号	技术要求	配分	评分标准	自检记录	交检记录	得分
4	舌部斜面 平直度 0.03 mm	10	超差全扣			
5	腰孔长度 (20±0.20) mm	10	超差全扣			
6	倒角均匀、各棱线清晰	4 (0.5×8)	每一处不合要求扣 0.5 分			
7	$Ra3.2$ 纹理齐正	4 (0.5×8)	每一处不合要求扣 0.5 分			
8	3.5 mm×45° 倒角尺寸正确	12 (3×4)	每一处不合要求扣 3 分			
9	$R3.5$ mm 内圆弧连接 圆滑，尖端无塌角	8 (2×4)	综合评价， 每一处不合要求扣 2 分			
10	(20±0.05) mm	8 (4×2)	每超一处扣 4 分			
11	// 0.05	6 (3×2)	每超一处扣 3 分			
12	⊥ 0.03	12 (3×4)	每超一处扣 3 分			
13	5S	0	违者每次扣 2 分，严重者扣 5~10 分			

实训操作工单 14　V 形铁组件制作

1. 任务简析

V 形铁组件尺寸、形位精度较高，特别是 V 形铁，后道工序是研磨，加工精度将直接影响研磨质量。因此，要熟练掌握划线、锯削、锉削、孔加工、螺纹加工等钳工基本操作技能，提高测量的正确性和加工精度是本练习的重点。

通过练习，还要掌握 V 形铁、压板及其组件的使用方法，提高学生的独立操作能力。

2. 相关实训图纸

V 形铁组件练习图如图 14-1 所示。

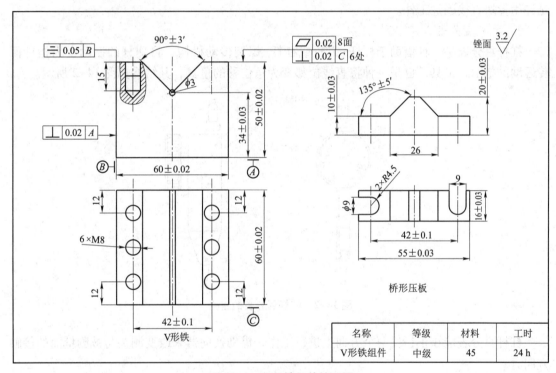

图 14-1　V 形铁组件练习图

名称	等级	材料	工时
V形铁组件	中级	45	24 h

3. 准备工作

1）材料准备

51 mm×61 mm×61 mm、56 mm×21 mm×17 mm 各一件，材料为 45 号钢。

2）工具、刃具准备

锉刀，圆锉，什锦锉，手锯，划线工具，ϕ3 mm、ϕ6.7 mm、ϕ9 mm、ϕ13 mm 等麻花钻，M8 丝锥，铰杠，铜丝刷。

3）量具准备

钢皮尺、刀口角尺、万能角度尺、游标卡尺、高度划线尺、常用外径千分尺、正弦规

（宽型）、量块（83 块/套）、杠杆百分表及表架、$\phi20h6$ 测量圆柱等。

4）实训准备

领用工量具、刃具并清点，了解工量具、刃具的使用方法及要求。实训结束后，按照工量具清单清点，完毕后交指导教师验收。复习有关理论知识，详细阅读实训指导说明书。

4. 相关工艺和原理

1）量块

量块的形状为长方体，有两个工作面和四个非工作面。工作面为一对平行且平面度误差极小的平面。量块用于对量具和量仪进行校正，也可以用于精密划线和精密机床的调整。与其他附件并用，还可以用量块测量某些精度要求高的工件尺寸。常用的量块有 83 块一套、46 块一套、10 块一套和 5 块一套等几种。

使用时，只要将两个量块的测量面互相推合，就能牢牢地贴合在一起。为减少测量时的积累误差，选用量块时，应尽量采用最少的块数。为保持量块精度，延长使用寿命，一般不允许用量块直接测量工件。

2）杠杆百分表

杠杆百分表是一种借助于杠杆-齿轮或杠杆-螺旋传动机构，将测杆的摆动变为指针回转运动的指示式量具，也是一种将直线位移变为角位移的量具，其结构如图 14-2 所示。

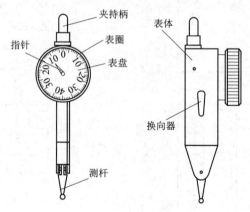

图 14-2　杠杆百分表的结构

杠杆百分表能在正、反两个方向上进行工作，借助换向器来改变测头与被测量面的接触方向。

杠杆百分表的分度值为 0.01 mm，测量范围为 0～0.8 mm 及 0～1 mm。杠杆百分表可用绝对测量法测量工件的几何形状和相互位置的正确性，也可用比较测量法测量尺寸。由于杠杆百分表的测杆可以转动，而且可按测量位置调整测头的方向，因此适用于测量通常钟表式百分表难以测量的小孔、凹槽、孔距、坐标尺寸等。

由于测杆的有效长度直接影响测量误差，因此在测量时必须尽可能使测杆的轴线垂直于工件表面。

3）正弦规

正弦规是利用三角函数中的正弦关系，与量块配合测量工件角度和锥度的精密量具。正弦规由工作台、两个直径相同的精密圆柱、侧挡板和后挡板等组成，如图 14-3 所示。根据两精密圆柱的中心距 L 及工作台平面宽度 B 不同，可分为宽型和窄型两种。

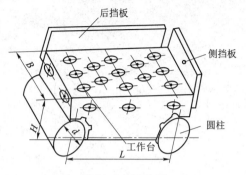

图 14-3　正弦规

测量时，将正弦规放置在精密平板上，工件放置在正弦规工作台的台面上，正弦规一个圆柱下面垫上一组量块，如图 14-4 所示。量块高度 h 根据被测零件的圆锥角 α 通过计算获得，量块尺寸组高度的计算公式如下：

$$h = L\sin \alpha$$

式中，h——量块组尺寸，mm；

　　　L——正弦规两圆柱的中心距，mm；

　　　α——正弦规放置角度。

求得 h 后，用杠杆百分表（或测微仪）检验工件圆锥面上母线两端的高度，若两端高度相等，说明工件的角度或锥度正确；若不等，说明工件的角度或锥度有误差。

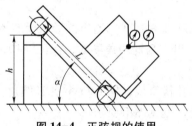

图 14-4　正弦规的使用

4）加工要点

① 锉削 V 形面时，注意 90°角的控制，特别是对称度测量，如图 14-5 所示。

② 钻孔前，螺纹底孔直径及深度尺寸要计算正确，然后钻孔、攻丝，保证螺纹正确。

③ 攻盲孔时，丝锥要经常退出排屑，防止切屑堵塞，造成螺纹乱牙及丝锥折断。

5. 实习安排

1）加工 V 形铁

① 检查来料尺寸。

② 根据材料加工基准面 A、B、C，使 $A \perp B \perp C$，达到垂直度 0.02 mm、平面度 0.02 mm，表面粗糙度 $Ra3.2$ 的要求。

③ 加工工件外形，达到 $(60 \pm 0.02)\text{mm} \times (60 \pm 0.02)\text{mm} \times (50 \pm 0.02)\text{mm}$ 的尺寸要求，并保证形位公差达到要求。

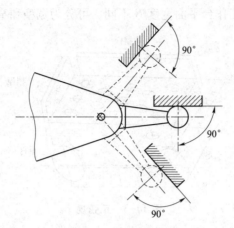

图 14-5　90°角的控制

④ 以 A 面、B 面、C 面为基准，划出 V 形槽加工线、孔加工线及钻孔检查线。

⑤ 钻 φ3 mm 工艺孔，锯削 V 形槽，留一定加工余量。粗、精锉 V 形面，保证 90°±3′的精度，以及尺寸、形位公差达到要求。

⑥ 钻 6×φ6.7 mm 螺纹底孔，攻丝 M8，螺纹深度 15 mm，保证位置精度及螺纹精度。

⑦ 去毛刺，精度检查。

2）加工桥形压板

① 检查来料尺寸。

② 加工工件外形，达到（55±0.03）mm×（20±0.03）mm×（16±0.03）mm 的尺寸要求，并保证形位公差达到要求。

③ 以一长度面、端面及厚度面为基准，划出桥形压板形体加工线。

④ 锯削 135°角度面余料，粗、精锉两角度面，保证（10±0.03）mm 尺寸、135°±5′角度精度等要求。

⑤ 按图划出孔加工线及钻孔检查线，钻 φ9 mm 孔、倒角，保证钻孔精度。

⑥ 锯削余料，加工半圆槽，达到图纸要求。

⑦ 去毛刺，精度检查。

6. 评分细则

V 形铁组件制作实训记录及成绩评定表如表 14-1 所示。

表 14-1　V 形铁组件制作实训记录及成绩评定表

序号		技术要求	配分	评分标准	自检记录	交检记录	得分
V 形铁	1	（42±0.1）mm	2	超差全扣			
	2	（20±0.03）mm	4	超差全扣			
	3	（16±0.03）mm	4	超差全扣			
	4	（55±0.03）mm	4	超差全扣			
	5	（50±0.02）mm	5	超差全扣			
	6	（34±0.03）mm	6	超差全扣			
	7	90°±3′	5	超差全扣			

续表

序号		技术要求	配分	评分标准	自检记录	交检记录	得分
V形铁	8	$\perp$ 0.02 A	3	超差全扣			
	9	$=$ 0.05 B	5	超差全扣			
	10	$\square$ 0.02	8（1×8）	每超一处扣1分			
	11	$\perp$ 0.02 C	6（1×6）	每超一处扣1分			
	12	（42±0.1）mm	9（3×3）	每超一处扣3分			
	13	Ra3.2	4（0.5×8）	每超一处扣0.5分			
	14	M8	6（1×6）	每超一处扣1分			
	15	（10±0.03）mm	6（3×2）	每超一处扣3分			
	16	135°±5′	6（3×2）	每超一处扣3分			
	17	（60±0.02）mm	10（5×2）	每超一处扣5分			
	18	Ra3.2	7（0.5×14）	每超一处扣0.5分			
19		5S	0	违者每次扣2分，严重者扣5～10分			

ISBN 978-7-5121-3158-3

定价：32.00元